TwinCAT3를 활용한

PC 기반 제어

(PC-Based Controls)

| 김영민 저 |

The Windows Control and Automation Technology

光文閣
www.kwangmoonkag.co.kr

제4차 산업혁명 시대에서는 학문 간의 경계가 없어지고 융합되며, 획기적인 기술 진보, 파괴적 기술에 의한 산업 재편, 전반적인 시스템의 변화 등 인류가 한 번도 경험하지 못한 새로운 시대를 접하게 될 것입니다

현재 자동화 업계와 제조 기반의 산업현장에서 큰 화두가 되고 있는 단어가 '스마트 팩토리'라고 하는 단어입니다. 기존의 오토메이션 기술과 ICT 정보통신 기술이 융합되어 보다 효율적이고 스마트한 공장을 만들어 생산성을 높이고 고객의 요구에 빠르게 대응하자는 겁니다.

스마트 팩토리에서는 디바이스와 디바이스, 센서와 디바이스 등 IoT 콘셉트의 기기들이 자율적으로 상호 데이터를 주고받으며 최적의 제어공정을 만들어가게 됩니다. 또한, 디바이스 레벨의 데이터가 MES를 거쳐 ERP에 이르기까지 기업의 모든 데이터가 저장되고 모니터링 되어야 합니다.

이처럼 스마트 팩토리를 구현하기 위해서 모든 기기가 끊김 없는 수직·수평적 통합을 이루어야만 가능한 것입니다. 산업용 통신과 이더넷을 통한 제어 기술은 그중에서도 핵심이 되며, 수많은 데이터를 처리하고 연동하기 위해서 PC의 역할은 매우 중요하다고 할 수 있습니다.

PC 기반 제어 시스템의 핵심은 소프트웨어라고 할 수 있는데, PC가 연구소와 산업현장에 사용된 이후 수많은 프로그래밍 툴이 개발되어 특수한 목적을 가지고 발전해 왔습니다.

마이크로소프트사에서 개발된 대표적인 프로그램 개발 환경인 비주얼 스튜디오나 내쇼날인스트루먼트사의 랩뷰와 매스웍스사의 매트랩/시뮬링크 등이 PC 기반의 응용 프로그램과 하드웨어 제어, 공학 분야의 제어 설계, 분석 및 시뮬레이션 등을 위한 용도로 많이 사용되고 있습니다.

독일 벡호프사에서는 1986년에 단축 NC 시스템에 PC를 적용한 것을 시작으로 하여 10년 후인 1996년에 윈도우 기반의 트윈캣 소프트웨어를 발표했고, 현재는 마이크로소프트 비주얼 스튜디오에 통합된 개발 환경으로 트윈캣 3 버전을 제공하고 있습니다. 트윈캣 3는 IEC61131-3을 통한 PLC, 모션 제어, HMI와 같은 전통적인 기계 제어 시스템의 프로그램뿐만 아니라 C/C++, 닷넷 등과 같은 IT 기반의 프로그래밍과 매트랩/시뮬링크 연동을

통한 분석과 시뮬레이션 기능의 융합이 주된 특징입니다. 특히 벡호프사에서 개발된 산업용 이더넷인 이더캣은 고속 정밀 제어 분야에서 탁월한 기술력을 인정받으며 많은 산업 분야에 적용되고 있습니다.

IT 기술을 대표하는 마이크로소프트 비주얼 스튜디오와 산업용 PC 기반 제어 소프트웨어인 트윈캣의 통합은 굉장히 의미 있는 일이라고 할 수 있습니다.

본 PC 기반 제어 교재를 통해 IT 융합 엔지니어로서의 가능성을 발견하고 PC 기반 제어의 기초를 다질 수 있는 기회가 되길 바랍니다.

끝으로 이 책이 나오기까지 물심양면으로 도움을 주신 ㈜에이원테크놀로지 최영구 부장님과 광문각출판사 박정태 회장님을 비롯한 임직원 여러분께 진심으로 감사드립니다.

2016년 10월
김영민

CONTENTS

CONTENTS

PC 기반 제어 개요

1장. PC 기반 제어 개요

1.1 PC 기반 제어(PC-Based Control)

　PC 기반 제어(PC-Based Control)에 대해 간단히 소개하자면 말 그대로 PC를 제어기로 사용하여 현장의 디바이스를 제어하는 시스템으로서, 여기에는 크게 별도의 Hardware 없이 Software만 가지고 현장의 디바이스를 제어하는 형태와 PC의 PCI 또는 ISA 슬롯에 별도의 Controller Card를 장착하여 디바이스를 제어하는 방식과 같이 두 가지 형태로 볼 수 있다. 그리고 이러한 PC 기반 제어(PC-Based Control) 시스템의 안정적 운전을 위하여 일반 OA용 PC보다는 내구성이 뛰어나고 산업현장에 알맞게 설계된 산업용 PC를 사용하는 것이 보다 안정적으로 시스템을 운영하는 방법으로 볼 수 있다.

[그림 1-1] 다양한 산업용 PC

　PC 기반 제어(PC-Based Control)의 가장 큰 장점은 무엇보다 시스템 운영의 효율성 및 확장성 등을 들 수 있다. 과거 PLC를 주로 이용하여 제어하던 때에는 각 PLC 메이커 별로 고유의 Hardware, OS, Protocol, Programming Tool 등을 사용하다 보니 사용자가 하나의 PLC에 익숙해지기까지는 많은 시간과 노력을 들여야 했으며, 이에 들어가는 직/간접 비용 또한 만만치 않은 것이 사실이었다. 또한, 시스템의 확장, 이기종 간의 인터페이스(Interface) 및 스패어 부품(Spare Parts) 운영 등에 있어서도 많은 제약과 어려움이 따랐다. 이에 비하여 PC 기반 제어(PC-Based Control)의 경우를 살펴보면, 산업화 및 정보화가 진행되면서 PC는 이제 많은 사람에게 가장 친숙한 물건 중 하나가 되었으며 운영 시스템(OS)으로 많이 사용되고 있는 윈도즈(Windows) 역시 이젠 대중화되었다고 볼 수 있다. 아울러 다양한 필드버스 프로토콜을 이용하여 현장의 디바이스를 제어할 수 있으며, 시스템의 확장이나 스페어 부품의 운영 등에 있어서도 많은 선택의 폭과 효율성을 제공한다.

PC 기반의 제어 시스템은 공작기계 등의 가공기, 다축/다관절 로봇, 주로 PLC에 의해 제어되던 자동화 장비는 물론 HMI와 DAS 시스템의 영역이었던 화학 실험/공정 시스템에 이르기까지 다양한 범위에 걸쳐 적용되고 있다. 기능적인 측면에서는 이제 PC로 제어할 수 없는 기계나 장치는 없다고 해도 과언이 아니다.

이밖에 PC 기반의 제어 시스템의 일반적인 특성을 몇 가지 요약해 보면 다음과 같다.

1) 개방성(Open Architecture)

PC 기반의 제어장치의 특성을 얘기하면서 가장 먼저 거론하는 것은 '개방성'이다. 즉 기존의 제어장치들이 하드웨어와 소프트웨어가 하나의 블랙박스에 일체화되어 있어, 정해진 용도 이외의 사용이나 변형이 불가능하거나, 극히 제한된 반면, 개방적인 PC 기반 제어장치에 있어서는 그 하드웨어적인 구성은 물론 사용 용도와 사용 방법 등이 사용자의 요구에 부응할 수 있도록 매우 유연하다.

2) 신뢰성

PC 기반의 제어장치에 대해 반감을 갖고 있는 사람들이 꼽고 있는 가장 중요하고 치명적인 특성은 검증되지 않은 PC 기반 제어장치의 신뢰성 문제이다. 특히 PC 기반 제어장치를 개발, 제작하고 있는 회사들은 대부분 상대적으로 기존의 대형 제작자에 비해 규모가 작다. 따라서 신뢰성의 문제가 중요하게 된다.

그러나 내부를 좀 더 자세히 보면 결코 그렇지가 않다. 오히려 역으로 PC 기반의 제어장치는 궁극적으로 기존의 어떠한 시스템보다 더 견고하고 신뢰성 있는 제품이 될 것이라는 것이 보다 설득력을 갖게 될 것이다. 기존의 전통적 제어장치 제작자들이 제어장치의 구성 요소들을 모두 자체적으로 개발 생산하고 있는데 반하여, PC 기반 제어장치 제작자들은 대부분의 하드웨어나 소프트웨어를 별도의 전문 제작자로부터 구매하여 사용하는 것이 일반적이다. 이들 전문적인 요소 제작자들, 즉, 모션 제어보드를 개발, 생산하는 회사들이나 PC를 만드는 회사, 혹은 MicroSoft사 등이 기존의 CNC 제작자에 비해 결코 신뢰성 면에서 뒤진다고 할 수 없으며, 이외에 수천만 명의 손끝을 통하여 충분히 검증된 제품을 사용하고 있는 셈이다. Windows의 일부 오류에 대해 비판적인 견해를 갖고 있는 사람들이 물론 있지만, 리얼타임 OS를 적용한다든가 커널레벨(kernel level)의 하드 리얼타임 제어와 같은 방법으로 기계 제어를 위한 충분한 안정성을 갖고 있다.

3) 사용자 주도형

HMI의 구성이 자유롭다는 것은 임의의 시스템에 적용이 가능하다는 것을 의미한다. 기존의 제어 장치가 선반용, 밀링용 등 특정한 용도에 국한되어 있는 경우와 대비된다. 즉 사용자는 제작자에 구애받지 않고 자유롭게 독자적인 제어장치를 만들 수 있는 것이다.

4) 경제적 구조

PC 기반 제어장치는 구조적으로는 재료비가 기존의 제어장치에 비해 더 많이 드는 것이 보통이다. 기존의 제어장치가 모두 자체적으로 생산하는 데 비해, PC 기반의 제어장치는 대부분의 구성 요소를 각각의 생산자로부터 구매해야 하기 때문이다. 그러나 모든 것을 스스로 개발해야 하는 기존의 제어장치 제작자와 이미 개발되어 시판되고 있는 제품을 구매하여 사용하는 PC 기반 제어장치 제작자가 투입하는 개발비를 고려하고, 또한 제품이 판매되고 폐기될 때까지의 라이프사이클 비용을 포함한다면, PC 기반 제어장치는 가장 경제적인 선택이 될 것이다. 기존의 제어장치는 그 폐쇄성으로 인하여 판매된 제품이 완전히 폐기될 때까지, 적어도 10년 동안 고장 수리를 위한 여유 부품을 보관해야 한다. 당연히 여유 부품의 가격은 상승할 수밖에 없다. 반면 PC를 주 하드웨어로 사용하는 PC 기반 제어장치의 경우는 별도의 여유 부품을 구매·보관할 필요가 없으며, 언제든 시장에서 더욱 저렴한 가격으로 더욱 향상된 부품을 구할 수 있다.

5) 기능의 확장성

급변하는 시장의 요구에 얼마만큼 빨리 대처하는가 하는 것이 사업의 성패를 가르는 경우가 종종 있다. 이때 설비의 자유로운 기능 전환이 중요한 문제가 되는데, 이러한 경우 PC 기반 제어장치는 비교적 쉽게 대처할 수 있는 장점이 있다.

초기의 PC 기반 제어 시스템들은 사실 성능 면에서 기존의 제어 시스템에 비하여 어느 정도 문제가 있었던 것도 사실이다. 하지만 그동안 PC 및 관련 하드웨어의 발전과 관련 소프트웨어 기술의 눈부신 발전은 초기의 문제점들을 이미 충분히 넘어섰으며 이제는 성능 및 안정성에 대한 검증 기간도 충분히 거쳤다고 할 수 있다. 따라서 현재 PC 기반 제어 시스템에 대하여 많은 사람의 관심이 집중되고 있는 실정이며 향후에는 자동 제어 시스템 시장에서 중요한 위치를 차지할 것으로 기대된다. 그러나 PC 기반 제어 시스템이 기존의 제어 시스템인 PLC를 완전히 대체하리라고는 예상하기 힘들며 상호 보완적인 측면에서 어느 정도 서로의 위치를 차지할 것으로 생각된다. 이는 그동안 PC 기반 제어 시스템이 발전되어온 만큼 PLC 역시 그동안 사용자들의 다양한 요구를 수용하며 하드웨어 및 소프트웨어 기술을 발전시켜 왔으므로 과거 전통적인 시스템에 비하여 현재의 PLC 시스템들은 성능 및 효율성 등에서 크게 개선되었고 사용자들 역시 자신들의 현장 조건에 맞게 PC 기반 제어 시스템 및 PLC를 포함한 다양한 제어 시스템을 상호 보완적이고 탄력적으로 운영하려는 경향을 보이고 있기 때문이다.

[그림 1-2] PC 기반의 제어 패널

1.2 PC 기반 제어의 구성 요소

PC 기반 제어를 구성하기 위해서는 PC 제어기, 제어 소프트웨어, 입출력 모듈, 이렇게 세 가지로 나누어 볼 수 있다. 각각의 특징과 종류에 대해 살펴보자.

1.2.1 PC 제어기

PC를 이용하여 제어를 수행하고자 할 때 사용할 수 있는 PC의 형태와 종류는 너무 다양하기 때문에 PC 기반 제어를 위해서 반드시 이런 PC를 써야 한다고 하는 원칙은 없다. 또한, 제어를 위한 목적이 무엇이냐에 따라서 다양하게 구분할 수 있다. 그러나 보통 다음 세 가지 형태의 PC가 산업현장에 적용되고 있다.

1) IPC

IPC는 산업용 컴퓨터를 통칭하는 말로 일반적인 PC의 환경과 동일하나 산업현장에서 사용할 수 있도록 특수하게 설계되거나 부가적인 장치들이 붙어 있는 형태의 PC들이다.

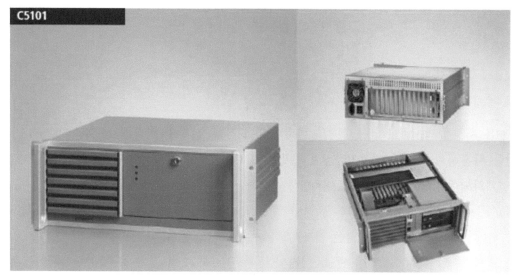

[그림 1-3] 19인치 랙 설치용 IPC

보통 19인치 랙에 설치할 수 있는 규격화된 사이즈로 설계되며 전원 버튼 조작을 보호하거나 하드 드라이브의 착탈 등을 용이하게 할 수 있는 구조로 되어 있다. 또한, 다양한 종류와 기능의 보드를 설치할 수 있는 슬롯이 일반적인 PC보다 더 많고 전원의 용량도 크다.

최근에는 산업용 이더넷의 발전과 보급으로 PC 안에 설치하던 PCI 카드나 ISA 카드의 형태는 사라지고 리얼타임 산업용 이더넷을 이용한 분산 제어가 가능해짐으로써 고성능의 PC를 컨트롤 케비넷에 장착할 수 있는 작은 사이즈로 출시되고 있다.

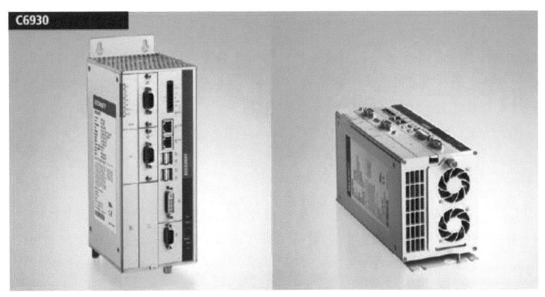

[그림 1-4] 컨트롤 케비넷용 IPC

2) 패널 PC

IPC를 사용할 때 별도의 모니터를 이용하게 되는데 현장의 상황에 따라서 일반적인 모니터를 사용하기 어려운 경우도 있다. 그런 경우에는 터치 조작이 가능한 터치 패널과 PC가 일체화되어 있는 패널 PC를 사용할 수 있다.

PLC를 이용하여 제어를 수행하게 되면 일반적으로 HMI 터치 패널을 이용하여 오퍼레이팅을 하게 된다. HMI 터치 패널은 기계 조작을 위한 다양한 조작 버튼, 기계의 상황을 알려주는 램프 및 알람 디스플레이, 동작 설정의 변경을 위한 수치 변경 등 다양한 기능을 이용하게 되는데 산업현장의 상황에 맞추어 방수 방진 등의 보호 등급이 적용되기도 하여야 한다. 패널 PC는 이처럼 PLC와 HMI 터치 패널이 결합된 형태의 PC 제어기라고 할 수 있다.

패널 PC는 컨트롤 케비넷의 전면부에 설치하기도 하고 조작자의 손이 쉽게 닿을 수 있는 기계 전면부에 설치되기도 한다.

[그림 1-5] 패널 PC

3) 임베디드 PC

임베디드 PC는 일반적인 PLC와 형태나 사용 방법이 거의 동일하다고 할 수 있다. 최신의 고성능 CPU를 사용하는 IPC보다는 프로세서의 성능이 떨어지지만 Intel Atom 프로세서나 ARM Cortex 프로세서 등을 이용하고 윈도 CE 또는 윈도 임베디드 등의 OS가 탑재되어 있다. 또한, 측면에 바로 입출력 모듈을 삽입할 수 있기 때문에 컨트롤 패널에 부착하여 사용한다.

제어의 목적에 따라 간단한 디지털 입출력만을 수행하는 저렴한 제품부터 모션 제어와 같이 CPU의 빠른 연산이 필요한 분야까지 다양한 제품들이 출시되어 사용되고 있다.

임베디드 PC를 이용하여 제어 프로그래밍을 작성할 때는 내장된 이더넷 포트를 통해 PC와 통신이 가능하기 때문에 랜선을 이용하여 연결하면 된다. 작성된 프로그램은 다운로드 과정을 통해서 임베디드 PC의 내부 메모리에 저장되고, 그 후에는 PC와 접속이 끊어져도 전원이 들어와 있는 한 반복적으로 제어 태스크를 수행하게 된다.

임베디드 PC에도 모니터를 연결할 수 있는 DVI 포트가 있는 모델들이 있는데 설치되어 있는 윈도 임베디드 OS를 원격 접속이 아닌 직접적으로 설정을 변경하거나 관리할 수 있고, HMI를 위한 모니터 포트로 활용할 수 있다.

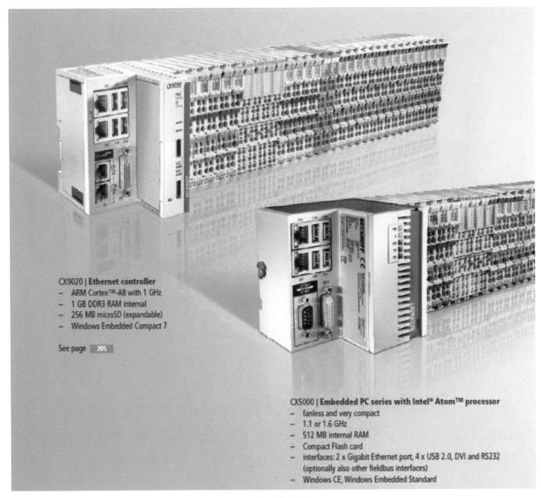

CX9020 | Ethernet controller
- ARM Cortex™-A8 with 1 GHz
- 1 GB DDR3 RAM internal
- 256 MB microSD (expandable)
- Windows Embedded Compact 7

See page 205

CX5000 | Embedded PC series with Intel® Atom™ processor
- fanless and very compact
- 1.1 or 1.6 GHz
- 512 MB internal RAM
- Compact Flash card
- interfaces: 2 x Gigabit Ethernet port, 4 x USB 2.0, DVI and RS232
  (optionally also other fieldbus interfaces)
- Windows CE, Windows Embedded Standard

[그림 1-6] 임베디드 PC

1.2.2 제어 소프트웨어

PC 기반 제어 시스템의 핵심은 소프트웨어라고 할 수 있다. PC가 연구소와 산업현장에 사용된 이후 수많은 프로그래밍 툴이 개발되어 특수한 목적을 가지고 발전해 왔다.

여러 다양한 소프트웨어 중에서 현재 많이 사용되고 있는 대표적인 네 가지에 대해 특징을 비교해 보도록 하겠다.

1) 마이크로소프트사의 비주얼 스튜디오

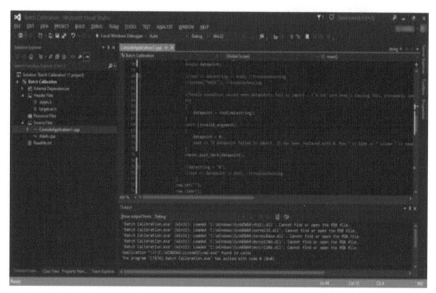

[그림 1-7] Microsoft / Visual Studio

마이크로소프트사에서 개발된 대표적인 프로그램 환경인 비주얼 스튜디오는 1997년에 첫 번째 버전이 발표되었고, 현재는 C/C++, Visual Basic, .NET, C# 외에도 모바일 앱 개발을 위한 다양한 개발 언어를 포함하고 있다. PC 기반의 응용 프로그램과 하드웨어 제어 등 수많은 분야에 사용되고 있다. 애플리케이션을 만들기 위해서는 텍스트 기반의 프로그래밍 언어를 배워야 하기 때문에 학습하는데 비교적 시간이 오래 걸리고 하드웨어를 제어하기 위해서는 전자회로 및 통신 인터페이스에 대한 지식이 요구된다.

2) 내쇼날인스트루먼트사의 랩뷰

랩뷰는 Test & Measurement에 특화된 소프트웨어라고 할 수 있다. 랩뷰 프로그램을 G 언어라고도 하는데 아이콘을 와이어로 연결하는 방식이다. 내쇼날인스트루먼트사에서는 소프트웨어와 더불어 다양한 하드웨어를 함께 판매하기 때문에 텍스트 기반의 프로그램 방식보다 테스트 및 계측을 위한 애플리케이션의 개발 시간을 단축시킬 수 있는 장점이 있다.

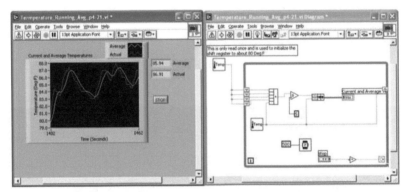

[그림 1-8] National Instrument / LabVIEW

3) 매스웍스사의 매트랩/시뮤링크

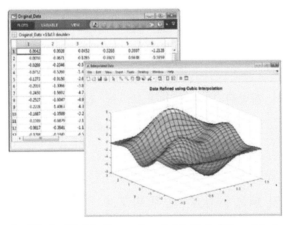

[그림 1-9] Mathworks / Matlab/SimuLink

매트랩/시뮬링크는 공학 분야에서 제어 설계, 분석 및 시뮬레이션을 위한 용도로 많이 사용되고 있다. 수많은 애드온과 툴박스의 형태로 분야별 애플리케이션이 제공되기 때문에 연구소, 대학 등에서 오랫동안 사용되어 왔다.

4) 벡호프사의 트윈캣

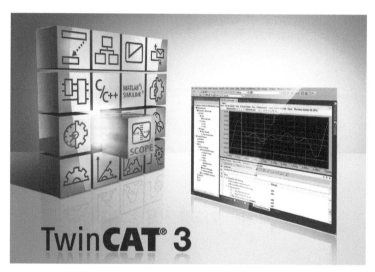

[그림 1-10] Beckhoff / TwinCAT3

독일 벡호프사에서는 1986년에 단축 NC 시스템에 PC를 적용한 것을 시작으로 하여 10년 후인 1996년에 윈도 기반의 트윈캣 소프트웨어를 발표했고, 현재는 마이크로소프트 비주얼 스튜디오에 통합된 개발 환경으로 트윈캣 3 버전을 제공하고 있다.

트윈캣 3는 IEC61131-3을 통한 PLC, 모션 제어, HMI와 같은 전통적인 기계제어 시스템의 프로그램뿐만 아니라 C/C++, 닷넷 등과 같은 IT 기반의 프로그래밍과 매트랩/시뮬링크 연동을 통한 분석과 시뮬레이션 기능의 융합이 주된 특징이다.

특히 벡호프사에서 개발된 산업용 이더넷인 이더캣(EtherCAT)은 고속 정밀 제어 분야에서 탁월한 기술력을 인정받으며 많은 산업 분야에 적용되고 있다.

본 교재는 기계 제어라고 하는 특수한 목적에 맞추어 트윈캣 3 소프트웨어를 사용한 PC 기반 제어에 대해 다룰 것이다.

1.2.3 입출력 모듈

기계 제어를 위한 용도로 PC와 PLC를 비교 해보면 PC에는 PLC가 가지고 있는 입출력 포트가 없다. 여기서 말하는 입출력은 산업용 밸브나 릴레이를 제어하기 위한 DC24V 레벨의 디지털 입출력 포트와 아날로그 신호 입출력 채널을 의미한다. 이것을 해결하기 위한 전통적인 방법은 입출력 기능을 수행하는 PCI 타입의 보드를 PC 슬롯에 꽂아서 외부에 있는 단자대와 연결하여 사용하는 방법이다. 이와 같은 방법은 I/O의 수가 많지 않거나 PC와 I/O 단자대의 거리가 가까울 때 사용할 수 있는 방법이다.

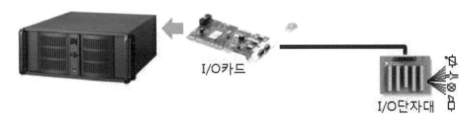

[그림 1-11] I/O 카드를 사용한 입출력 방식

위와 같은 문제는 PLC를 사용할 때도 동일하게 생길 수 있는 문제이다. I/O의 포인트 수가 많아지거나 컨트롤 캐비넷과 입출력 요소가 있는 위치가 멀수록 이런 방식은 여러 가지 면에서 제약을 받게 된다. 이와 같은 문제를 해결하기 위해 사용되는 통신 네트워크를 필드버스라고 한다. 필드버스는 디지털 통신을 이용한 방식이기 때문에 거리의 제약이 줄어들고 배선이 간편해지는 장점이 있다.

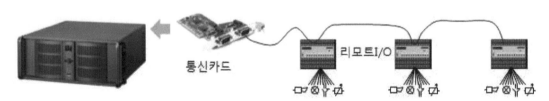

[그림 1-12] 필드버스를 사용한 입출력 방식

1.3 필드버스와 산업용 이더넷

1.3.1 필드버스(Fieldbus)

생산 현장에서 사용되는 프로그래머블 로직 제어기(PLC)나 개인용 컴퓨터(PC) 기반의 하드웨어 통신 제어 시스템을 의미한다. Fiedbus는 산업현장을 뜻하는 'Field'와 통신을 뜻하는 'Bus'의 합성어로, 주로 생산 라인에 적용할 수 있는 통신 시스템 전체를 이르는 용어이다. ISO와 IEC가 11개 필드버스를 표준으로 정의하고 ISO 15735란 규격을 만들었다. 필드버스에는 Profibus, ControlNet, WorldFip, P-Net, InterBus, Ethernet/IP, DeviceNet, CAN Open, CAN Kingdom, ADS-Net, FL-Net 등이 있다.

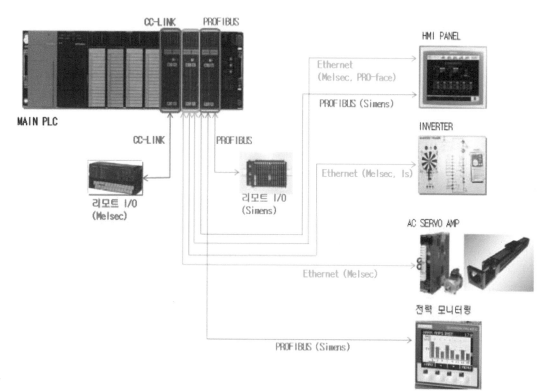

[그림 1-13] 다양한 필드버스의 연결

1.3.2 산업용 이더넷

지난 1973년 제록스의 Bob Metcalfe의 냅킨 스케치에 의해 태어난 이더넷(Ethernet)은 처음 사무실 간의 통신을 위한 LAN으로 사용되었다. 최근에는 이더넷의 성능과 애플리케이션의 크게 확대되고 있다. 처음의 표준은 2.94 Mbps를 지원했었는데, 이후 Intel과 Digital Equipment사가 합류하여 10Mbps의 DIX 2.0 표준의 개발하였다. 동시에 IEEE(Institute of Electrical and Electronic Engineers)에서 지금의 이더넷 표준으로 알려진 CSMA/CD 802.3을 1983년에 규격 발표하였다. 최근에는 이더넷이 공장 라인으로 사용 분야를 확장하여 지능형 센서로부터 플랜트 관리 제어 시스템에 이르기까지의 산업용 컴퓨터 플랫폼으로 활용되기에 이르렀다. 이제 이더넷(Ethernet)이 산업용 이더넷(Industrial Ethernet)으로 한 단계 진보한 것이라 볼 수 있다. 특히 산업 자동화 분야에서는 분산 제어를 기반으로 하는 필드버스(Fieldbus)가 활성화되고 있으나 필드버스가 가진 장점에도 불구하고 현재 다양한 경로를 통해 구축되는 필드버스들이 서로 다른 물리적인 전송 방식으로 동작된다는 고질적인 문제를 내재하고 있다. 이에 버스 특화된 인프라 구조 요소 및 상위의 버스 네트워크와의 연결을 위한 게이트웨이, 그리고 통합을 위한 OPC 등이 추가로 요구된다.

이러한 이유로 모든 레벨의 데이터 교환을 위한 하나의 네트워크로 단일화하고자 하는 산업계의 요구에 필드버스가 부응하지 못하는 측면이 존재해 왔다. 이러한 단점을 해소하고자 하는 돌파구로서 정보 기술의 기초가 되는 이더넷이 필드버스를 대체할 새로운 산업 기술로 각광받게 된 것이다. 그리고 이어서 현장에서 요구되는 정보의 실시간 데이터 전송의 확보가 필요하다는 요구에서 산업용 이더넷(Industrial Ethernet)이라는 용어가 출현하게 되었다. 산업용 이더넷은 곧 실시간 이더넷(RTE ; Real Time Ethernet)이라 할 수 있다.

[그림 1-14] 다양한 종류의 산업용 이더넷

1.3.3 리얼타임 산업용 이더넷

산업용 이더넷이 주류로 떠오르는 것은 상위의 정보 레벨로부터 하위의 필드 레벨에 이르기까지의 끊김 없는 수직적 통합에 있다. 이는 IEC 61784-2 국제표준에서도 잘 나타나 있다. 리얼타임 이더넷의 주요 목표가 바로 필드와 경영 레벨에 대한 손쉬운 데이터 통합에 있는 것이다.

특히 산업용 이더넷은 기존의 오피스 이더넷과 차별되는 특성을 만족해야 한다. 비용이 많이 소요되는 스타 토폴로지보다는 버스나 링 토폴로지를 선호하는 산업 엔지니어들의 요구를 만족시킬 필요가 있다. 또한, IT 센터와는 천지 차이로 구별되는 가혹하고 열악한 산업 설비의 현장을 고려해야 한다. 여기에서는 20g/11ms 이상의 쇼크와 5g의 진동, 섭씨 -20~70도에 이르는 온도 변화 등을 기본적으로 만족해야 한다. 이더넷 커넥터에 대한 산업적인 보완도 요구된다. IT 레벨에서는 RJ45 커넥터가 표준으로 사용되고 있다. 산업용 이더넷에서도 RJ45 커넥터를 기본으로 하고 있기는 하지만, 산업에서의 열악한 환경을 고려하여 추가적인 하우징으로 보완될 필요가 있다. 현재 산업용으로 출시된 표준 RJ45 기반 산업용 이더넷 커넥터만도 20여 종 이상이 출시되어 있다.

리얼타임 산업용 이더넷은 다음과 같은 리얼타임 성능에 따라 3가지 등급으로 분류된다. ① Class 1 : 100ms의 반응 시간을 가지는 TCP/IP 통신 기반의 표준 시스템, ② Class 2 : 10ms의 반응 시간을 가지는 PLC 또는 PC 기반 제어 시스템, ③ Class 3 : 1ms 이상의 반응시간을 충족하는 모션 컨트롤 등이 있다.

Class 1등급은 표준 이더넷에 추가적인 모디파이 없이 TCP/UDP/IP 프로토콜 스택을 그대로 사용한다. 여기에는 EtherNet/IP, MODBUS/TCP, P-Net, BNET/IP 등이 해당한다. Class 2등급은 표준 이더넷에 대하여 자체적인 프로토콜 스택을 추가하여 리얼타임을 확보하고자 하며, 이더넷 통신 하드웨어에 대한 수정은 가하지 않는다. 이 때문에 이를 소프트 리얼타임(Soft Real Time)이라고도 한다. 여기에는 Ethernet Powerlink, Tcnet, EPA, PROFINET CBA 등이 해당한다. Class 3등급은 모디파이된 이더넷을 사용하며, 특히 배선 비용의 절감을 위해 스타 토폴로지 대신에 버스 또는 링 토폴로지를 사용한다. 이를 하드 리얼타임(Hard Real Time)이라고도 한다. 여기에는 SERCOS, EtherCat, PROFINET IO, RAPIEnet 등이 해당한다.

이렇듯 산업용 이더넷이 미래 지향적인 산업 기술로 성장하고 있는 것은 산업용 이더넷에 근간을 이루는 이더넷과 TCP/IP가 개방화된 기술로 오래전부터 많은 유저를 확보하고 있으며, 향후에도 산업 분야에 지속적인 영향력을 발휘할 IT 기술과의 접목이 고려되기 때문이기도 하다. 산업용 이더넷은 상위로부터 하위 레벨까지의 수직적이고 수평적인 끊김 없는 통합을 최대의 장점으로 실사용자층에 접근하고 있는 중이다.

1.3.4 산업통신망 국제 표준화 현황

현재 산업통신망 관련 국제 표준은 ISO(국제표준화기구)와 IEC(국제전기표준회의) 두 단체에서 추진되었다. 산업용 네트워크 분야에서 ISO 표준은 2006년 초에 완전하게 완료된 것으로 나타났다. 현재는 IEC 표준에서 리얼타임 산업용 이더넷과 안전(Safety), 보안(Security)에 대한 표준 추진이 지속적으로 이루어지고 있는 중이다. 양 기관에서 발표한 최근의 산업용 네트워크 표준으로는 지난 2000년에 IEC TC65/SC65C에서 IEC 61158(Digital Communications)로 발표되었다. 이는 필드버스(Fieldbus)로 알려지고 있다. 여기에서는 Profibus, ControlNet, Foundation Fieldbus, Interbus, Swiftnet, WorldFIP, P-net, (FF) HSE 등 8개의 프로토콜로 구성되었다. 이들 필드버스 표준들은 지속적인 논의를 통해 Profibus, ControlNet, Foundation Fieldbus, Interbus, Swiftnet, WorldFIP, P-net 등 7개로 2003년 5월 공식적인 국제 표준으로 발표되었다.

2003년부터는 ISO와 IEC에서 산업용 네트워크 관련 표준을 추가로 진행하게 된다. IEC TC65/SC65C/WG6에서는 IEC61784-1 규격으로 IEC 61158 표준인 '필드버스(Fieldbus)'를 채택하였으며, 이후 WG 11(워킹 그룹 11)을 통해 추가된 IEC61784-2 규격으로 IEC/ISO 8802-3 기반의 '리얼 타임 이더넷(Real Time Ethernet)'을 제정했다. IEC61784-2 규격으로는 CIP, PROFIBUS & PROFINET, P-NET, INTERBUS, VNET/IP, Tcnet, EtherCAT, ETHERNET Powerlink, EPA, MODBUS-RTPS, SERCOS 등 16개가 2007년 12월 채택된 데 이어, 지난 2008년 12월 부산 회의에서 국내에서 제안한 RAPIEnet이 CPF(Communication Profile Family) 17로 추가되었다.

최근에는 IEC61784-3에서 산업용 네트워크에서의 IEC 61508 세이프티 규격에 기반한 안전에 대해 다루고 있으며, IEC61784-4에서는 사이버 보안(Cyber Security)에 대한 내용을 취급하고 있다. 이는 리얼타임 산업용 이더넷이 시장 확대를 적극 추진하고 있는 가운데,

이와 관련한 안전 및 보안이 새로운 과제로 떠오르고 있는 것과 같은 맥락이다. 또한, 안전과 보안이 산업용 네트워크에서도 향후 새로운 이슈로 떠오를 것이라는 전망을 가능하게 하는 대목이기도 하다. 또한, IEC 표준은 표준 규격이 그대로 유지되지는 않는다. 시장에서의 요구가 사라지는 등의 환경 변화에 따라서 기존 표준 규격이 삭제되거나, 새로운 규격이 늘어나는 등 유기적인 성장의 모습을 보이고 있다. 최근에 IEC 61784-1에 변화가 생겼다. 2003년 출판에서는 7개의 CPF로 이루어졌으나, 2007년 출판에서는 SwftNet이 누락되었다. 또한, 2007년판에서는 CC-Link, HART, SERCOS 3개가 추가되어 출판되었다.

ISO에서는 개방형 구조를 지향하는 오픈 프레임워크 표준을 ISO TC184(산업자동화통신망 표준)/SC5(구조 및 통신)/WG5(Open Framework)에서 표준을 준비하여 2003년 10월 ISO 15745(Open Framework)로 공표했다. ISO 15745는 2006년까지 Part 1에서 Part 5까지 발표됨으로써 표준 규격 자체가 완료되었다. 이로써 ISO에서는 총 16개의 개방형 통신 네트워크 프로토콜들이 표준으로 채택되었다. 특히 Part 4 및 Part 5는 2006년 3월 투표를 거친 후, 4월에 ISO15745-4/5로 최종 승인되었다. Part 4에는 Ethernet/IP, ADS-net, FL-net, PROFINET, MODBUS TCP, Ethernet powerlink, EtherCAT 등 이더넷 기반의 프로토콜, 즉 산업용 이더넷이 차지하고 있다. 또한, Part 5에는 CC-Link가 HDLC 기반 필드버스 프로토콜로 채택되었다. 이로써 산업 자동화 시스템의 어플리케이션 통합 프레임워크 시리즈 규격의 완결판이 되었다. 개방형 구조의 ISO 산업용 네트워크는 총 16개의 프로토콜이 국제 표준으로 완결된 것이다.

1.3.5 이더캣(EtherCAT)

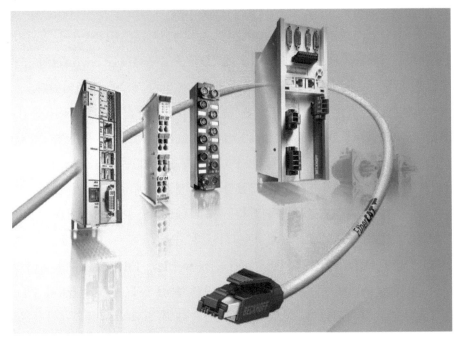

[그림 1-15] 제어기, I/O, 드라이브를 모두 연결하는 이더캣

이더캣은 독일 벡호프사에서 개발한 산업용 이더넷으로 2003년 하노버 산업박람회 때 처음으로 일반에게 소개되었다. 이후 이더캣 테크놀로지 그룹을 형성하고 2007년에 국제 표준이 되었다.

이더캣을 간단히 요약하면 유연한 토폴로지를 가진 고성능, 저비용의 사용하기 쉬운 산업용 이더넷 기술이라고 할 수 있다.

이더캣은 현재 사용되고 있는 필드버스에 비해서 성능이 월등히 뛰어나며 100 Mbit (Full-Duplex) Mode에서 EtherCAT의 업데이트 타임은 다음과 같은 고속 응답성을 제공한다.

• 256 포인트의 Digital I/O를 11 micro sec에,
• 100개의 노드에 분산된 1000포인트의 Digital I/O를 30 micro sec에,

• 200 채널의 16bit analog I/O를 50 micro sec에,

• 100 축의 서보모터를 100 micro sec에,

• 12,000 포인트의 digital I/O를 350 micro sec에 업데이트할 수 있다.

이러한 업데이트 타임은 기존에 사용되던 어떤 필드버스에 비해서도 월등하다고 할 수 있다.

현재 전 세계의 이더캣 테크놀로지 그룹 회원사는 지속적으로 증가하고 있으며, 국내에서도 이더캣을 활용할 수 있는 네트워크형 입출력 모듈 및 서보모터 드라이브를 출시하고 있다.

따라서 PLC를 이용한 위치 제어뿐만 아니라 랜케이블을 연결하는 것만으로 PC를 이용하여 서보모터를 제어할 수 있다. 이더캣 네트워크를 이용하면 배선에서도 획기적으로 시간을 단축할 수 있게 된다.

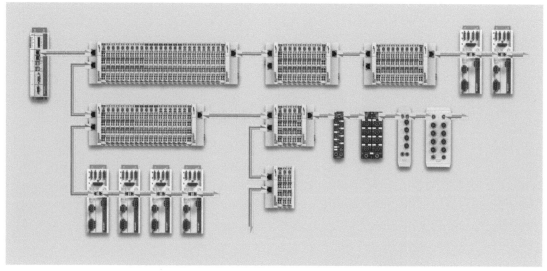

[그림 1-16] 이더캣의 유연한 네트워크 토폴로지

PC 기반 제어 소프트웨어
(TwinCAT3)

2.1 TwinCAT3 다운로드

2.2 TwinCAT3 설치 방법

2.3 TwinCAT3 실행과 소프트웨어 환경

2장. PC 기반 제어 소프트웨어(TwinCAT3)

　　TwinCAT은 독일 Beckhoff사에서 개발한 PC Based Controller로 1988년도에 DOS 기반의 제품이 처음 발표된 이래 현재까지 전 세계적으로 35,000 Copy 이상이 판매된 제품이며, 국내에서도 자동차, 철강, 타이어 제조 공장, 담배 제조 공장, 반도체 라인, 반도체/LCD 장비, 포장기, 교육기관 등에 수백 카피가 공급되었다.

　　특히 2010년에 발표된 트윈캣 3 버전부터는 IT 분야의 대표적인 프로그래밍 개발 환경인 마이크로소프트사의 비주얼 스튜디오 통합개발환경(IDE)에 통합되면서 자동화 기술(AT)과 정보 기술(IT)의 융합을 위한 초석을 다지는 계기를 마련했다.

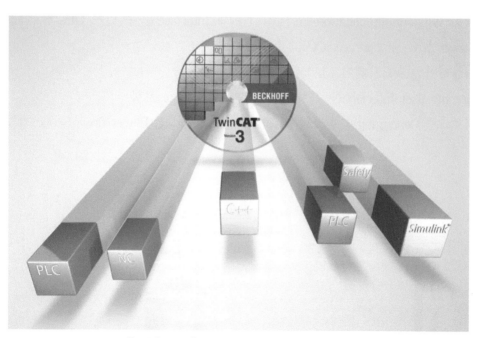

[그림 2-1] PC 기반 제어기, 트윈캣

이러한 TwinCAT의 기술적인 특징은 다음과 같다.
① 다양한 H/W Platforms (PC , Embedded PC, Micro Controller) 지원
② 다양한 윈도 OS Platforms (Windows XP, 7, 8.1, 10, Embedded XP, Windows CE)
　　지원

③ Multi-Processor, Multi-core 지원

④ 제어 프로그램의 성능 및 안정성을 확보하기 위해 제어 엔진으로 Hard Real-time Kernel 사용

⑤ 국제 표준의 PLC 언어(IEC 61131-3 : IL, ST, LD, FB, SFC)를 모두 지원

⑥ C/C++을 이용한 하드웨어 프로그래밍 개발 지원

⑦ Motion Control에 필요한 완벽한 솔루션 제공(PLCopen Motion control function blocks 및 Beckhoff에서 자체적으로 개발한 Motion Libraries)

⑧ 다양한 Fieldbus 지원(Sercos, DeviceNet, Profibus, CANopen, Interbus, USB, Serial 등…)

⑨ 다양한 Ethernet solution 제공(일반 Ethernet, Real Time Ethernet, Industrial Ethernet (EtherCAT))

⑩ 각종 Windows Application 및 HMI Tool과 Interface할 수 있는 OPC Server, ADS Server (free of charge), OCX/DLL 제공

⑪ 시뮬레이션 소프트웨어 Matlab/Simulink 통합

⑫ Graphic user interface를 작성할 수 있는 HMI Tool 포함

⑬ 프로그램 Debugging에 필요한 Breakpoint, monitoring, Power flow, Scope 기능 제공

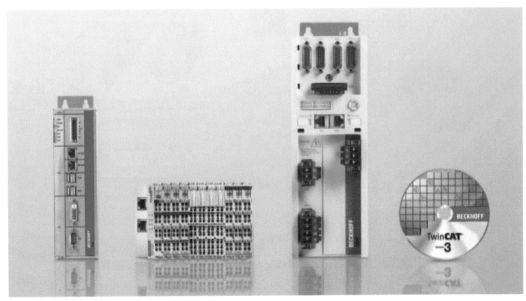

[그림 2-2] 트윈캣과 PC 기반 구성 요소

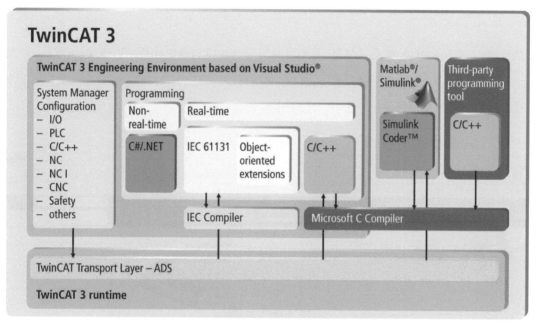

[그림 2-3] 트윈캣 3 개발 환경의 동작 구조

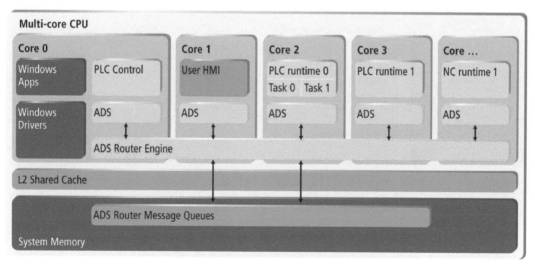

[그림 2-4] 트윈캣의 멀티코어 CPU 동작 구조

2.1 트윈캣 다운로드

트윈캣 소프트웨어는 벡호프사의 홈페이지(www.beckhoff.com)을 통해 다운받을 수 있다. 트윈캣은 개발 환경 및 런타임이 함께 설치되는 XAE와 런타임만 실행시킬 수 있는 XAR로 구분된다.

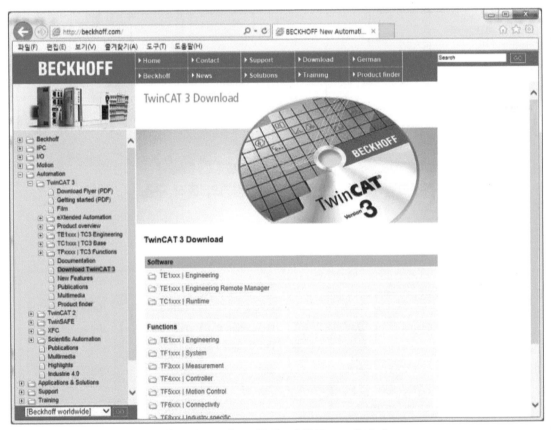

[그림 2-5] 트윈캣 다운로드 페이지

- 위 그림과 같이 벡호프사 사이트에 접속하여 최신 버전의 트윈캣 XAE를 다운로드한다.
- 다운로드를 위해 간단한 로그인 정보를 입력해야 한다.

2.2 트윈캣 설치 방법

- TwinCAT CD를 넣고 [TC3-Full-Setup]을 더블 클릭한다.
- 아래와 같은 창이 나타나면 Next를 클릭한다.
  (권장 사항 : 기타 다른 프로그램은 종료 후 실행한다.)

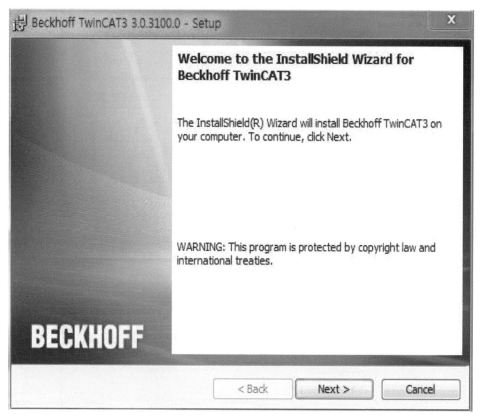

[그림 2-6] 프로그램 설치 방법

1) 프로그램 라이센스 동의

- 프로그램 설치 동의를 묻는 창이 나타나면 [I accept the terms in the licese agreement]를 선택하고 Next를 클릭한다.

[그림 2-7] 프로그램 라이센스 동의

2) 사용자 정보 입력

- 사용자의 이름, 회사를 입력하고 Next를 클릭한다.

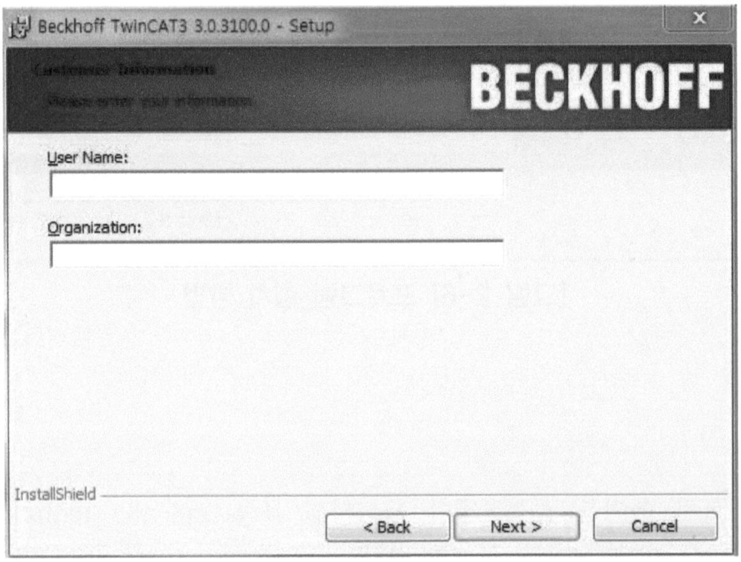

[그림 2-8] 사용자 정보 입력

3) 프로그램 선택

- Complete : 모든 프로그램 설치
- Custom : 사용자가 원하는 TwinCAT 레벨을 선택하여 설치
- Complete를 선택하여 Next를 클릭한다.

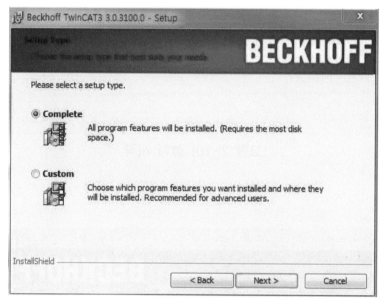

[그림 2-9] 프로그램 선택

4) 설치 시작

- 아래와 같은 창이 떠어지면 Install을 클릭하여 설치를 진행한다.

[참고]
    기존에 비주얼 스튜디오 2012 이상의 버전이 설치되어 있으면 기존 버전에 통합시킬지를 묻는 화면이 나타난다. 만약 별도로 설치할 경우 최신 버전은 비주얼 스튜디오 2013 셀 버전으로 설치된다.

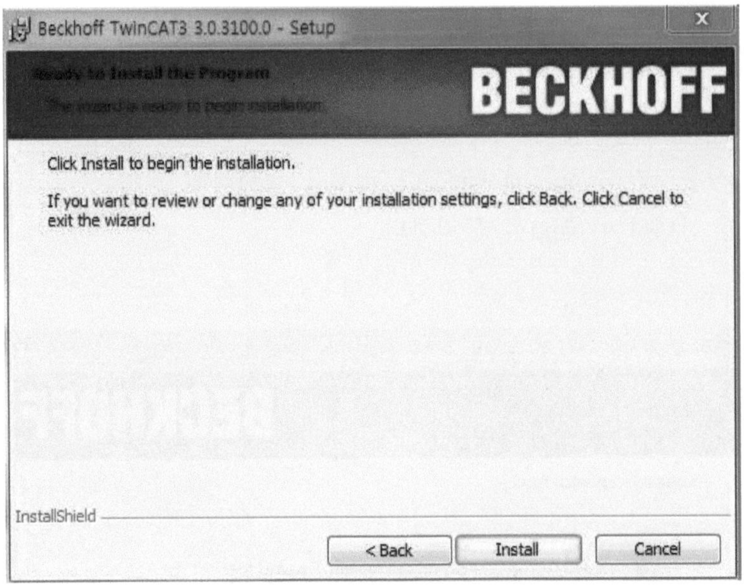

[그림 2-10] 설치 시작

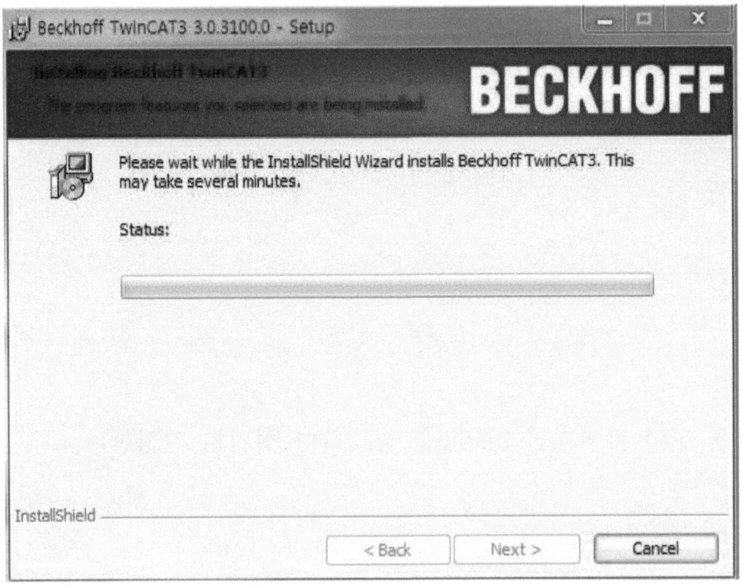

[그림 2-11] 인스톨 로딩 화면

5) 설치 완료

- 설치 완료 시 아래와 같은 창이 나타난다. Finish를 클릭한다.

[그림 2-12] 설치 완료 화면

- 설치 완료 후 TwinCAT을 사용하기 위해서 시스템을 리부팅하라는 메시지가 출력된
다. Yes를 눌러서 컴퓨터를 다시 시작한다.

2.3 트윈캣 실행과 소프트웨어 환경

2.3.1 트윈캣 실행

- 정상적으로 설치 완료 시 [시작 프로그램] - [Beckhoff] - [TwinCAT3] 폴더 내에
아래의 두 가지 프로그램이 설치되어 있다.

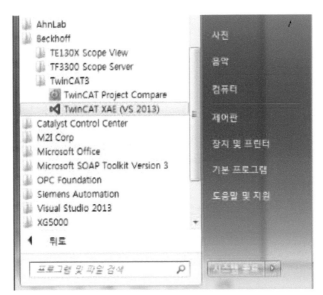

[그림 2-13] 트윈캣 설치 확인

• Windows 우측 하단 아이콘 모음에서 TwinCAT 아이콘이 생성되어 있다.
  아이콘의 색상에 따라 TwinCAT의 시작(녹색), 시작(황색), 정지(청색)를 알 수 있으
  며 오른쪽 마우스 버튼을 클릭하면 TwinCAT의 모든 프로그램을 시작, 정지를 할 수
  있다.

[그림 2-14] 트윈캣 설치 확인

- 트윈캣(비주얼 스튜디오) 프로그램 실행은 '시작>모든 프로그램>TwinCAT XAE'를 선택하면 된다. 운영 체제에 따라 다음과 같이 나타난다.

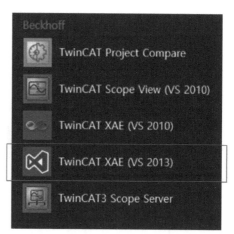

[그림 a] 윈도 7에서 실행   [그림 b] 윈도 8, 윈도 10에서 실행

- 어떤 윈도 OS에 상관없이 공통적으로 윈도 태스크 상자에 있는 트윈캣 아이콘을 오른쪽 마우스로 클릭하면 나타나는 팝업 메뉴에서 트윈캣을 다음과 같이 실행할 수 있다.

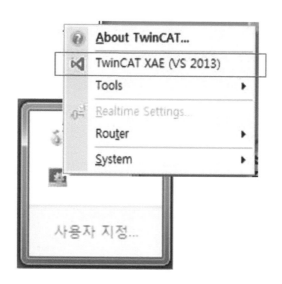

2.3.2 프로젝트 생성

• 트윈캣(비주얼 스튜디오) 프로그램이 실행된 후에 신규 프로젝트를 생성하기 위해서
'New TwinCAT Project'를 클릭한다.

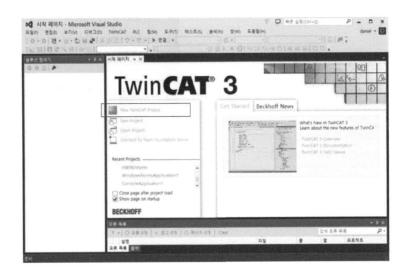

• 새 프로젝트 창에서 TwinCAT XAE Project를 선택하고 프로젝트 이름을 입력한다.
프로젝트는 폴더 단위로 생성된다.

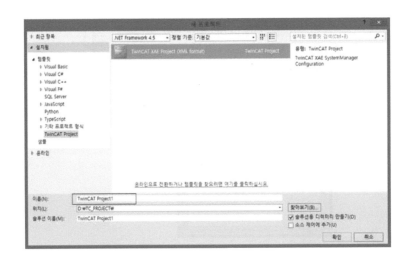

• 확인을 클릭하면 다음과 같은 신규 프로젝트가 생성된다.

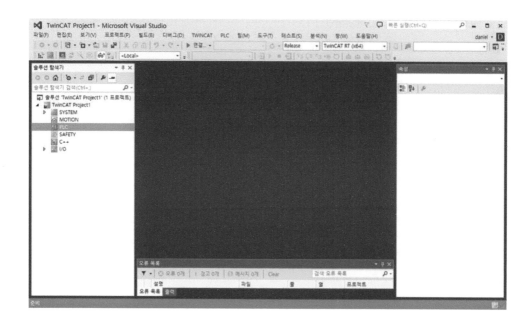

• 이제 PLC 프로젝트를 생성하기 위해서 좌측의 솔루션 탐색기에 있는 PLC 항목을 마우스 오른쪽 버튼으로 클릭하여 새 항목 추가(Add new device)를 클릭한다.

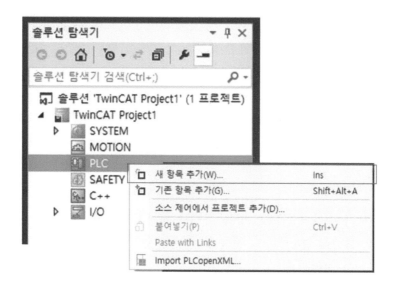

- PLC 프로젝트는 기본적인 입출력 제어로직을 작성하기 위한 항목으로써 기계 자동화 제어를 위한 일반적인 PLC와 동일한 기능이라고 할 수 있다.
  PLC Templates에서 'Standard PLC Project'를 선택하고 이름란에 영문으로 프로젝트 명을 입력하고 추가 버튼을 클릭한다.

[참고]

솔루션 탐색기(Solution explorer)에서 볼 수 있듯이 하나의 프로젝트에는 모션 제어, PLC 제어, 비주얼 인터페이스(HMI) 작성, C++를 이용한 제어 등의 기능이 모두 들어갈 수 있다.

[주의]

신규로 PLC 프로젝트를 생성하면 영문으로는 untitled로 나오지만 한글이 설치된 버전에서는 '제목 없음'으로 나타난다. PLC 프로젝트의 명칭은 공백이 없는 영문으로 작성해야 한다.

- PLC 프로젝트가 추가되면 PLC 항목 아래로 기본적으로 몇 개의 관리 폴더가 자동으로 생성된다. 각각의 폴더 또는 항목은 PLC 프로젝트에서 사용하는 프로그램 또는 라이브러리 등이 저장된다.

예를 들면, PLC 프로그램에서 사용하는 다양한 라이브러리는 'References' 항목을 클릭하여 관리하고 HMI는 VISUs 폴더 안에 생성할 수 있다. (트윈캣의 HMI는 Visualization이라는 이름으로 사용한다.)

또한, 프로그램은 POUs 폴더에서 관리하며 기본적으로 main 프로그램이 존재한다.

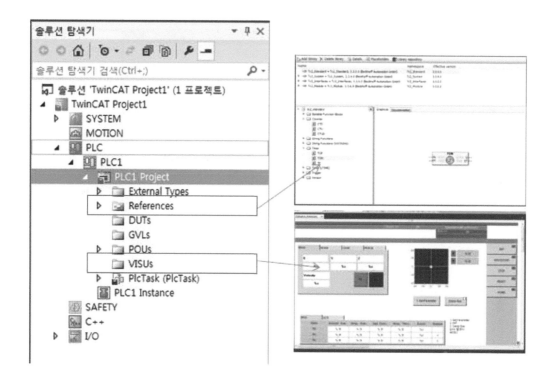

2.3.3 소프트웨어 환경

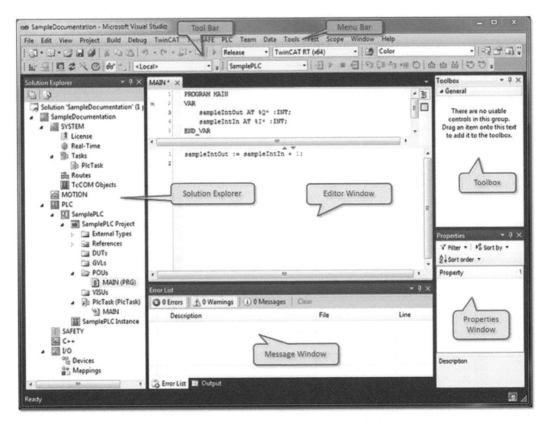

[그림2-15] TwinCAT3 주요 화면

- Solution Explorer : 프로젝트를 트리 형태로 볼 수 있는 탐색기 창이다.
- Tool bar : Visual Studio의 모든 개발 메뉴를 공통으로 사용할 수 있다.
- Editor window : 프로그램을 편집, 작성하는 공간이다.
- Message window : 프로젝트 빌드 및 실행 과정의 모든 상태 메시지를 출력한다.
- Tool box : 프로그램별, 기능별 툴들이 나타난다.
- Properties window : 각종 속성들을 변경할 수 있다.

1) 표준 메뉴

트윈캣의 메뉴 구조는 비주얼 스튜디오의 기본 환경과 동일하고 트윈캣을 사용하기 위한 추가적인 메뉴가 있다.

◑ File 메뉴

심벌	상세 메뉴	설명	단축키
	"New Project..."	새로운 TwinCAT 프로젝트 생성	[Ctrl] + [Shift] + [N]
	"Open Project..."	기존 TwinCAT 프로젝트 열기	[Ctrl] + [Shift] + [O]
	"Close Project"	현재 TwinCAT 프로젝트 닫기	
	"Save \<Project Name\> Project"	현재 TwinCAT 프로젝트 저장	[Ctrl] + [F5]
	"Save Project And Save Into Library Repository"	현재 TwinCAT 프로젝트를 라이브러리 형태로 저장	
	"Exit"	프로젝트 종료	[Alt] + [F4]

◑ Project 메뉴

심벌	상세 메뉴	설명	단축키
	Add New Item..	새로운 항목 추가	
	Add Existing Item..	기존 항목 추가	
	Refresh Project Toolbox Items	툴박스 항목 새로 고침	
	Project properties	프로젝트 속성 창 표시	

2) TwinCAT 메뉴

심벌	상세 메뉴	설명	단축키
	Generate Mappings	연결된 변수 맵핑 생성	
	Activate Configuration	현재 구성 활성화	
	Restart TwinCAT System	TwinCAT 'Run' 모드로 재시작	
	Restart TwinCAT (Config Mode)	TwinCAT 'Config' 모드로 재시작	
	Reload Devices	디바이스 정보를 새로 고침	
	Scan Devices	PC에 연결되어 잇는 디바이스를 검색	
	Toggle Free Run State	FreeRun 모드 실행 및 정지	
	Show Online Data	온라인 상태에서 변숫값을 모니터링	
	Show Sub Items	하위 트리 열기	

3) PLC 메뉴

심벌	상세 메뉴	설명	단축키
	Library Repository...	프로젝트 라이브러리 관리 화면 표시	
	Project Information...	프로젝트 정보 확인	
	Login	TwinCAT PLC 로그인	
	Start	TwinCAT PLC 시작	
	Stop	TwinCAT PLC 정지	
	Logout	TwinCAT PLC 로그 아웃	
	Step into	프로그램 단위 안으로 진입	
	Step over	프로그램 단위를 넘어감	
	Set next statement	다음 실행 위치 설정	
	Run to cursor	다음 실행 위치까지 실행	
	Step out	프로그램 단위 밖으로 빠져 나옴	
	Show current statement	현재 실행 위치를 표시	
	Force values	해당 값을 고정시킴	
	Unforce values	고정시킨 값을 해제	
	Write values	변수에 값을 씀	

프로그래밍

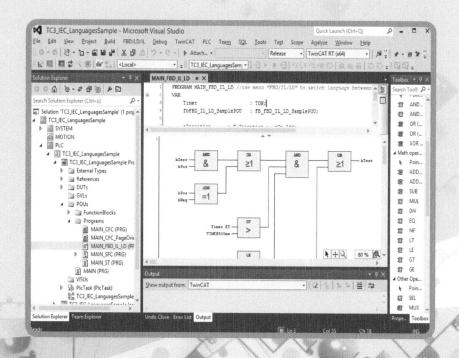

3장. 프로그래밍

3.1 국제 표준 PLC 언어(IEC61131-3)

PLC를 프로그램하기 위해 일반적으로 래더 다이어그램 방식을 사용한다고 알려져 있으나, PLC 프로그래밍 언어는 IEC61131-3의 국제 표준에서 정의하고 있으며 다음과 같은 특징이 있다.

- PLC 언어의 표준화
- 변수 타입의 정의로 연산의 신뢰성 확보
- Function Block, Function을 이용한 응용 명령 처리
- 시퀀스 처리, 데이터 흐름 처리, 수치 연산에 대하여 LD, FBD, SFC, ST, IL을 자유롭게 선택
- 소스 프로그램을 컴파일 후 생성된 실행 코드를 PLC로 전송

각 PLC 언어의 특징을 간단히 요약하면 다음과 같다.

① LD(Ladder Diagram)

전기 시퀀스 회로에 기반을 둔 전통적인 PLC 프로그램 방식으로서 순차적인 프로그램을 작성할 때 편리하다.

② FBD(Function Block Diagram)

펑션블럭 단위로 프로그램을 작성하며 주로 래더와 혼용해서 사용하는 경우가 많다.

③ SFC(Sequential Function Chart)

순서도에 기반을 둔 프로그램 방식으로서 트랜지션(조건문)과 액션(실행문)으로 이루어져 공정의 순서를 시각적으로 표현하는데 적합하다.

④ ST(Structured Text)

Higher-Level 언어로 Basic, Pascal, C 언어와 비슷한 연산자 및 명령어들을 사용하기 때문에 래더로 표현하기 힘든 문자열 처리, 계산식 처리 등에 적합하다.

⑤ IL(Instruction List)

어셈블리어와 유사한 명령어를 이용하여 프로그램을 작성한다.

⑥ CFC(Continuous Function Chart)

블록선도와 같이 나타낼 수 있기 때문에 시각적인 이해를 높이는데 도움이 된다.

3.2 ST 언어

ST는 앞에서 살펴본 바와 같이 Structured Text의 약자로 텍스트 기반의 프로그램 방식이다. 국내에 들어와 있는 유럽 장비들에 탑재되어 있는 TwinCAT 프로그램들은 거의 ST 언어로 작성되어 있다고 생각하면 될 정도로 유럽에서는 사용하는 User가 많다.

일반적으로 실린더 제어와 같은 단순한 시퀀스 제어를 위한 프로그램은 래더다이어그램이 더 편리한 경우가 많다. 그러나 PC 기반 제어의 장점인 다양한 프로세스의 연산과 정보 처리 등의 기능을 잘 활용하기 위해서 ST 언어를 사용하는 것이 적합하므로 본 교재에서는 ST 언어를 사용하기로 한다.

[참고]
* 지멘스 PLC에서는 SCL이라고 하나 표준 ST와 동일하다.

1) ST 언어의 특징

(1) 텍스트 형식의 프로그램 작성 가능
  - 한자, 한글 문자는 사용 불가

(2) C 언어 등의 고급 언어와 동등한 프로그래밍이 가능
  - ST 언어는 고급 언어와 같이 조건문, 반복문 등의 구문에 의한 제어가 가능하다.

(3) 연산 처리를 용이하게 기술 가능
  - ST 언어는 Ladder에서는 기술하기 어려운 연산 처리를 간결하게 기술할 수 있어 복잡한 산술 연산·비교 연산 등을 실행하는 분야에 많이 적용하고 있다.

2) ST 사용 문자

(1) 라벨 명
- 사용자가 임의로 정의하는 문자열로 FB 명, 배열 명, 구조체 명 등이 있다.

(2) 정수
- 프로그램 내의 사용 값 (123, "asd")

(3) 코멘트
- 프로그램 내에 제어 구문 이외의 주석문
- 한 줄 단위의 주석문은 //을 이용
- 여러 줄(문장 단위)의 주석문은 (* 주석문... *)을 이용

(4) 연산자
- 식, 대입문에 쓰이는 문자 코드(+,-,=,<,>)

(5) 단락 기호
- 프로그램의 구조를 구분하는 문자 코드

(6) 예약어
- 데이터 형명 : 데이터의 종류를 표현하는 문자(BOOL, INT)
- 제어 구문 : 제어 구문으로서 사용하기 위한 문법상의 언어(IF, CASE, WHILE)

다음은 ST 언어에서 자주 사용하는 표현식이다. 실제 사용에 관한 방법은 다음 장에서 다루기로 한다.

Operation	기호(표현)
Function call	Function name(parameter list)
Exponentiation	EXPT
Negate	NOT
Multiply	*
Divide	/
Modulo	MOD
Add	+
Subtract	−
Compare	<,>,<=,>=
Equal to	=
Not Equal to	<>
Boolean AND	AND
Boolean OR	OR
Boolean XOR	XOR

[참고]

* 주석 표시

　TwinCAT3에서 사용하는 주석은 두 가지가 있다.

　여러 줄을 주석 처리　: [(*　*)]

　한 줄을 주석 처리　　: [//]

* ST 언어는 대소문자는 구분하지 않는다.
* 문자의 끝에는 세미콜론(;)을 붙여 주어야 한다.

[참고]

* 기본 데이터 타입

Type	ANY-Type	Key word	Data width (Bit)	Initial	Value range
Boolean	ANY_Bit	BOOL	1	FALSE	TRUE/FALSE
Bit string(8)		BYTE	8	0	0..16#FF
Bit string(16)		WORD	16	0	0..16#FFFF
Bit string(32)		DWORD	32	0	0..16#FFFF_FFFF
Short integer	ANY_Num	SINT	8	0	$-2^7...2^7-1$
Integer		INT	16	0	$-2^{15}...2^{15}-1$
Double integer		DINT	32	0	$-2^{31}...2^{31}-1$
Unsigned short integer		USINT	8	0	$0...2^8-1$
Unsigned integer		UINT	16	0	$0...2^{16}-1$
Unsigned double integer		UDINT	32	0	$0...2^{32}-1$

Type	ANY-Type	Key word	Data width (Bit)	Initial	Value range
Slide point	ANY_Real	REAL	32	0.0	$-1.18*10^{-38}..$ $3.4*10^{38}$
Long slide point		LREAL	64	0.0	$-2.22*10^{-308}..$ $1.798*10^{308}$
Date	ANY_Date	DATE (D)	32	D#1970-01-01	
Time of day		TIME_OF_DAY (TOD)	32	TOD#00:00	TOD#00:00.. TOD#23:59
Date time of day		DATE_AND_TIME (DT)	32	DT#1970-01-01-00:00	
time	ANY_Time	TIME	32	T#0ms	
Sequential characters	ANY_String	STRING	(80+1)*8	,'	

3.3 제어 구문

1) IF 조건문

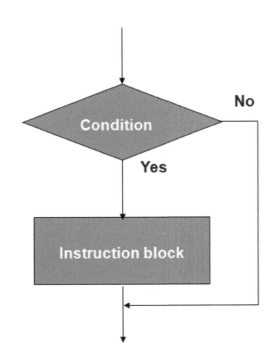

IF 조건문 서식	내 용
IF < 조건식 > THEN 　　< 제어 구문 > ; END_IF	- 조건식이 TRUE(참)일 경우 제어 구문을 실행하고 FALSE(거짓)일 경우 제어 구문은 실행되지 않는다. - 조건식은 단일 비트형의 변수, 다수의 변수를 포함한 복잡한 식이라도 그 결과의 참, 거짓에 따라 제어 구문의 실행 여부가 결정된다.

2) IF... ELSE 조건문

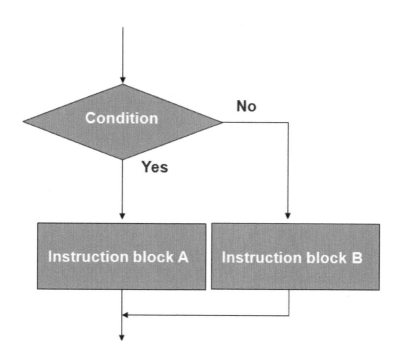

IF... ELSE 조건문 서식	내 용

IF < 조건식 > THEN
   < 제어 구문 A> ;
ELSE
   < 제어 구문 B> ;
END_IF
	- 조건식이 TRUE(참)일 경우 제어 구문 A를 실행하고 FALSE(거짓) 일 경우 제어 구문 B를 실행한다.
	
	- 조건식은 단일 비트형의 변수, 다수의 변수를 포함한 복잡한 식이라도 그 결과의 참, 거짓에 따라 제어 구문의 실행 여부가 결정된다.

[IF 조건문 예제]

조건문	프로그램
X1이 ON이 되면 D0에 10을 대입	IF X1 = TRUE THEN D0 := 10; END_IF
D0 * D1이 100보다 크면 D2에 1을 대입	IF D0 * D1 >= 100 THEN D2 := 1; END_IF
wReal이 2.0보다 크면 D0에 1을 대입	IF wReal >= 2.0 THEN D0 := 1; END_IF
wStr이 "ABC"이면 D0에 10을 대입	IF wStr = 'ABC' THEN D0 := 10; END_IF

[IF...ELSE 조건문 예제]

조건문	프로그램

SW1이 ON이 되면 PL1을 ON, SW1이 OFF 되면 PL1을 OFF	IF SW1 = TRUE THEN
	  PL1 := TRUE;
	ELSE
	  PL1 := FALSE;
	END_IF

3) ELSIF 조건 구문

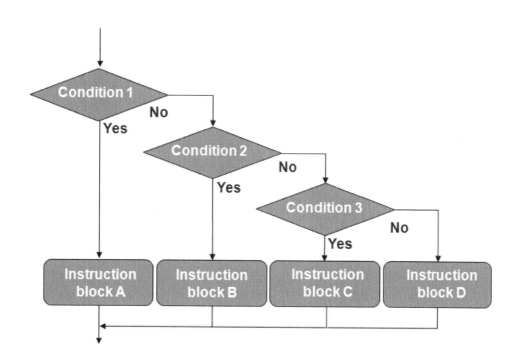

ELSIF 조건문 서식	내 용

IF <조건식 [1]> THEN
    <제어 구문 A>;
ELSIF <조건식 [2]> THEN
    <제어 구문 B>;
ELSIF < 조건식 [3]> THEN
    <제어 구문 C>;
ELSE
    <제어 구문 D>;
END_IF
	- IF 조건문에서 조건이 거짓인 경우의 실행문을 기술할 때는 ELSE를 사용할 수 있다.
	- ELSIF는 IF... ELSE의 중첩 구조를 간단히 기술할 때 사용한다.
	- 조건식 [1]이 TRUE(참)일 경우 제어 구문 A를 실행하고, 조건식 [2]가 TRUE(참)일 경우 제어 구문 B를 실행하고, 조건식 [3]이 TRUE(참)일 경우 제어 구문 C를 실행한다.

[ELSIF 조건문 예제]

조건문	프로그램

D0이 100보다 작으면 D1에 "1"을, 200보다 작으면 "2"를, 300보다 작으면 "3"을 대입	```
	IF D0 <= 100 THEN
	　D1 := 1;
	ELSIF D0 <= 200 THEN
	　D1 := 2;
	ELSIF D0 <= 300 THEN
	　D1 := 3;
	END_IF
	``

D0 * D1이 100보다 작으면 D2에 "1"을, 200보다 작으면 "2"를, 300보다 작으면 "3"을 대입	```
	IF D0 * D1 <= 100 THEN
	　D2 := 1;
	ELSIF D0 * D1 <= 200 THEN
	　D2 := 2;
	ELSIF D0 * D1 <= 300 THEN
	　D2 := 3;
	END_IF
	``

4) CASE 조건 구문

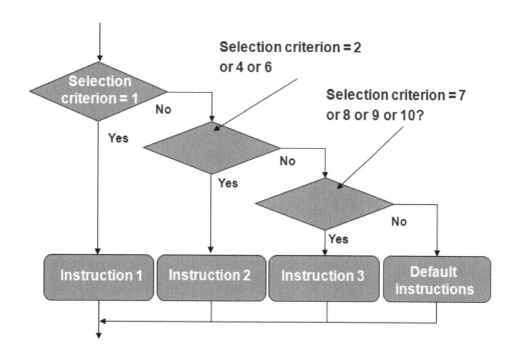

CASE 조건문 서식	내 용

CASE <정수식> OF
1 :   <제어 구문 [1]>
2, 4, 6 : <제어 구문 [2]>
7..10 :   <제어 구문 [3]>
     …………
ELSE
     <기본 제어 구문>
END_CASE
	- 정수식[n]의 조건의 제어 구문을 실행한다.
	
	- 정수식으로 지정 가능한 데이터 형은
	  INT(정수형)이다.

[CASE 조건문 예제]

조건문	프로그램

디바이스를 이용한 조건문
 	
(D0이 [1]이면 D1에 "1"을, [2]면 "2"를 [3]이면 "3"을 대입)
	CASE D0 OF
	  1 : D1 := 1;
	  2 : D1 := 2;
	  3 : D1 := 3;
	END_CASE

연산자를 이용한 조건문
 	
(D0 * D1이 [1]이면 D2에 "1"을, [2]면 "2"를, 3이면 "3"을 대입)
	CASE D0 * D1 OF
	  1 : D2 := 1;
	  2 : D2 := 2;
	  3 : D2 := 3;
	END_CASE

[참고]

CASE 문은 시퀀스 제어에 필요한 스텝 체인 또는 스테이트 머신으로 활용할 수 있다.

```
CASE State OF
    0:        Q0:=TRUE;
                IF Transition THEN state := 1; END_IF
    1:        Q1:=TRUE;
                IF Transition THEN state := 2; END_IF
    2:        Q2:=TRUE;
                IF Transition THEN state := 3; END_IF
    3:        Q3:=TRUE;
                IF Transition THEN state := 0; END_IF
END_CASE
```

5) FOR 반복문

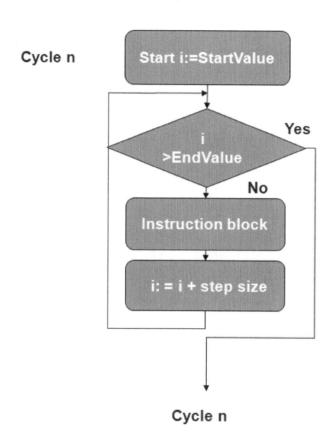

FOR 반복문 서식	내 용

FOR <반복 변수 초기화>
TO <최종값의 식>
BY <증가식> DO
    <제어 구문>;
END_FOR
	– 반복 변수의 초기화 : FOR 구문의 반복
	  변수로 사용되는 데이터를 초기화한다.
	– 증가식 : 반복 변수의 가감·감산값을 설정
	  한다.
	– 최종값의 식 : 반복 변수의 변화에 따른
	  FOR 문의 종료를 설정한다.

6) WHILE..DO 구문

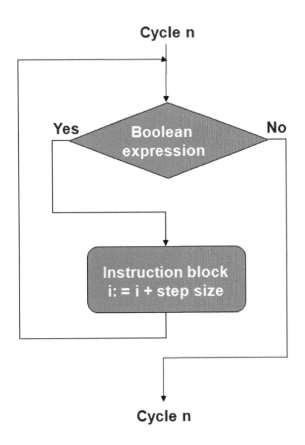

WHILE 반복문 서식	내 용
WHILE <불대수식> DO <제어 구문>; END_WHILE	- WHILE … DO 반복 구문은 불대수식이 참일 경우 제어 구문을 실행한다. - 불대수식이 거짓일 경우 제어 구문은 실행되지 않는다.

[FOR 반복문 예제]

조건문	프로그램

반복 변수 i를 "1"으로 초기화하고 "1"씩 Count를 증가하면서 10회 반복한다.
반복 처리 시 D2를 1씩 가산한다.
	`FOR i := 1 TO 10 BY 1 DO`
	`    D2 := D2 + 1;`
	`END_FOR`

[WHILE 반복문 예제]

조건문	프로그램

i가 100보다 작을 동안 Data 어레이에 i*2 값을 저장하고 i를 1씩 증가한다.	`i := 0;`
	`WHILE  i < 100  DO`
	`    Data[i] := i*2;`
	`    i := i + 1;`
	`END_WHILE`

7) REPEAT 구문

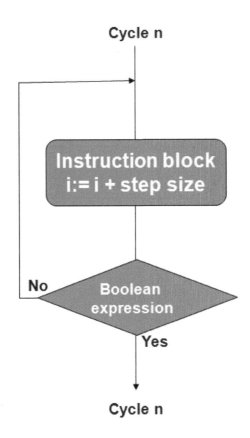

REPEAT 반복문 서식	내 용

REPEAT
    \<제어 구문\>;
UNTIL \<불대수식\>
END_REPEAT
	– 제어 구문을 실행하고 나서 불대수식이 참
	  이 될 때까지 제어 구문을 반복 실행한다.
	– 제어 구문은 최소 한 번은 실행된다.

3.4 프로그램 단위, POU

PLC 프로그램의 구성 요소(Program Organization unit)는 Program, Function, Function block으로 이루어진다.

POU		
Program	Function	Function Block

POU를 추가하기 위해서는 POUs 항목에서 Add -> POU를 선택하면 추가가 가능하다. POU의 Type에 따라서 method, properties, action 등을 추가하거나, Function의 경우에는 return type을 지정할 수 있다.

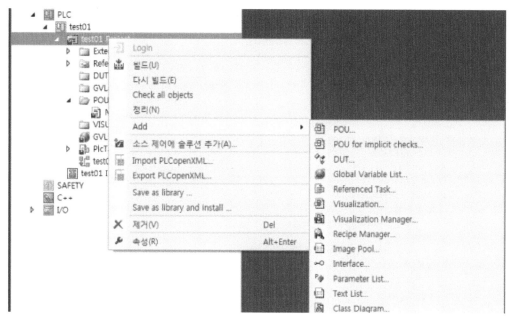

[그림 3-1] POU 추가

1) Program

Program 은 POUs의 하나로 Operation 동안 몇 개의 IN/OUT 값을 가질 수도 있고, 내부 변수도 프로그램이 실행되는 동안 유지된다. 다른 POUs들과 마찬가지로 이름을 통해 다른 Programs이나 Function blocks에서 호출이 가능하지만, Function은 Instance가 없기 때문에 Program을 호출할 수가 없다.

Program 화면 예

```
 1   PROGRAM MAIN_ST
 2   VAR
 3       Timer           : TON;
 4       fbST_SamplePOU  : FB_ST_SamplePOU;
 5
 6       eOperation      : E_Operation := eOp_Add;
 7       iResultC        : DINT;
 8       bZero AT %Q*    : BOOL;
 9       bPos  AT %Q*    : BOOL;
10       bNeg  AT %Q*    : BOOL;
11       bTest AT %Q*    : BOOL;
12       tTimerValue     : TIME := T#3S;
13   END_VAR
```

프로그램 선언

```
 1   bTest := (((bZero AND bPos) OR (bPos XOR bNeg)) AND (Timer
 2
 3
 4   (* Timer *)
 5   Timer(IN := TRUE, PT := tTimerValue);
 6   IF Timer.Q THEN
 7       Timer(IN := FALSE);
 8
 9       (* State machine *)
10       CASE eOperation OF
11       eOp_Add:
12           eOperation := eOp_MUL;
13       eOp_Sub:
14           eOperation := eOp_ADD;
15       eOp_Mul:
16           eOperation := eOp_SUB;
17       END_CASE
```

프로그램 정의

2) Function

Function은 주로 하나의 결과 값을 받는 기능을 원할 때 주로 사용된다.

Return value의 타입을 structures 등으로 만들어서 여러 값들을 받을 수도 있으며 따로 정의 없이 Function name을 사용하게 된다.

Program처럼 "AddNewItem" Command나 Context menu를 이용해서 추가할 수 있다.

자주 사용하는 연산식이나 구문을 펑션으로 저장해 놓으면 대입하는 파라미터만 바꿔서 간편하게 사용할 수 있다.

Function 화면 예

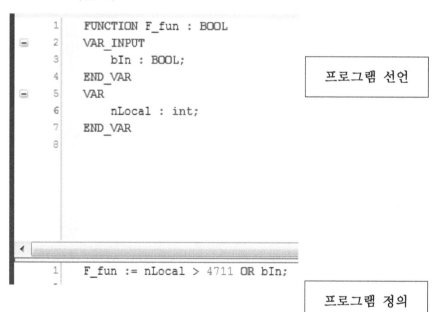

```
1    FUNCTION F_fun : BOOL
2    VAR_INPUT
3        bIn : BOOL;
4    END_VAR
5    VAR
6        nLocal : int;
7    END_VAR
8
```

프로그램 선언

```
1    F_fun := nLocal > 4711 OR bIn;
```

프로그램 정의

3) Function Block

Function block은 function과는 달리 연산 중에 VAR_OUTPUT, VAR_IN_OUTPUT 등의 Parameter를 통해 다수의 결과 값을 받을 수 있다.

또한, Output과 Internal variable에 대한 메모리(Memory DB)를 가지고 있기 때문에 다음 호출까지 값을 유지한다.

펑션블럭은 프로그램에서 자주 반복되는 부분을 모듈화하여 재사용이 가능하다. 따라서 프로젝트를 수행하는 시간도 절약될 뿐 아니라 프로그램을 간결하고 명료하게 작성할 수 있다.

Function Block 화면 예

```
 1   FUNCTION_BLOCK FB_ST_SamplePOU
 2   VAR_INPUT
 3       eOperation  : INT;
 4   //  eOperation  : E_Operation;
 5   END_VAR
 6   VAR_OUTPUT
 7       iResultC    : DINT;
 8   END_VAR
 9   VAR
10       arrDataA    : ARRAY [1..iMax] OF DINT;
11       arrDataB    : ARRAY [1..iMax] OF DINT;
12       arrDataC    : ARRAY [1..iMax] OF DINT;
13       I           : DINT;
14       bInit       : BOOL := TRUE;
15   END_VAR
16   VAR_CONSTANT
17       iMax        : DINT := 10;
18   END_VAR
```

프로그램 선언

```
 1   (* IF/ELSE - construct: for conditional code *)
 2   IF bInit THEN
 3       bInit := FALSE;
 4
 5       (* FOR loop: for array access *)
 6       FOR I := 1 TO iMax DO
 7           arrDataA[I] := I;
 8           arrDataB[I] := iMax - I + 1;
 9       END_FOR
10   END_IF
11
```

프로그램 정의

3.5 프로그램 작성과 실행

3.5.1 광역변수(Global Variable)와 지역변수(Local Variable)

1) Global Variable

프로젝트 내부에서 공통적으로 사용되는 Variable을 정의하는 곳이며 Real Point와 Memory Variable 또한 Global Variable로 등록할 수 있다.

Global Variable은 모든 [PRG] 프로그램에 적용되므로 같은 이름의 Variable이 여러 개 등록될 수 없다. 즉 지역변수(Local Variable)로 등록될 수 없다는 의미이다.

2) Local Variable

각 POUs 프로그램에서 정의되는 Variable을 말한다. Global Variable에 정의된 Memory Variable은 한 번 등록하면 모든 프로그램에 적용이 되지만 각 [PRG] 또는 [FB] 프로그램 내에 등록한 Local Variable은 해당 프로그램 내에서만 적용된다.

[주의]
광역변수나 지역변수에 같은 이름의 변수를 선언한다면 그 변수는 지역변수로 우선순위를 갖는다.

[참고]
* 프로그램에서 지역변수의 선언은 프로그램의 상단에 있는 지역변수의 입력창에 선언한다.
　　(지역변수 선언 예)
　　　　VAR
　　　　　　PB1　　　: BOOL;
　　　　　　LAMP　　: BOOL;
　　　　END_VAR

* 전역변수는 PLC 프로젝트의 하위 폴더 중, GVLs 폴더에서 마우스 오른쪽 버튼을 클릭하여 지역변수 리스트를 생성하고 해당하는 리스트 파일에 선언하면 된다. 상세한 설명은 후반부에 다시 설명하기로 한다.

3.5.2 프로그램 작성

[PLC] – [test] – [test Project] 하위 그룹 POUs – MAIN(RPG)를 더블클릭하면 프로그램 편집창이 열린다. 우측 시트의 상단 부분은 MAIN의 지역변수를 입력하는 변수입력창이며, 하단 부분은 Program을 작성하는 부분이다.

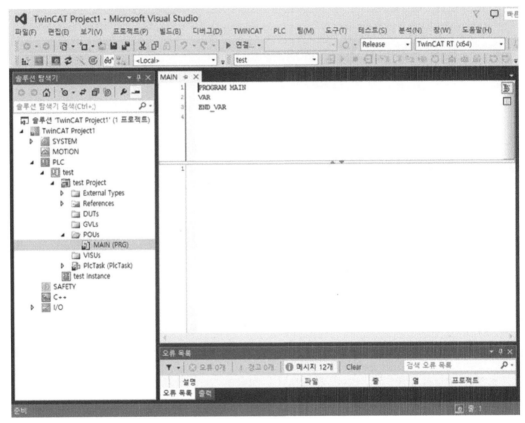

[그림 3-2] 기본 프로그램 작성

스위치를 누르면 램프가 켜지는 프로그램을 작성하고 실행시키는 과정을 살펴보자.

먼저 스위치와 램프에 해당하는 변수가 필요하기 때문에 다음과 같이 지역변수 입력창에 bSwitch와 bLamp를 선언한다. 변수는 우리가 알아보고 이해하기 쉬운 형태로 선언하는 것이 좋으며 변수 자체를 이해하기 어려우면 프로그램의 양이 많아지고 복잡해지면서 디버깅하는 시간도 오래 걸리므로 주의하자.

변수를 선언할 때 Switch와 Lamp 앞에 소문자 b를 붙인 이유는 bool 타입의 변수라는 것을 직관적으로 알 수 있도록 하기 위한 것이다. 이와 같은 방식은 헝가리안 표기법이라는 텍스트 프로그래밍 표기법의 한 종류이다.

[변수 입력창]

```
MAIN* ⏸ ✕
   1    PROGRAM MAIN
⊟  2    VAR
   3        bSwitch :BOOL;
   4        bLamp    :BOOL;
   5    END_VAR
   6
```

[프로그램 편집창]

```
   1
⊟  2    IF bSwitch = TRUE THEN
   3        bLamp := TRUE;
⊟  4    ELSE
   5        bLamp := FALSE;
   6    END_IF
   7
   8
```

[그림 3-3] ON-OFF 프로그램 작성

여기서 '='는 좌측과 우측 항의 값이 같은지를 비교할 때 사용하는 비교연산자이며 ':=' 기호는 대입연산자로서 우측 항의 값을 좌측 항에 대입할 때 사용한다.

즉 스위치가 TRUE(ON)이면 램프에 TRUE를 대입하고 그렇지 않으면 FALSE(OFF)를 대입한다는 것이다.

TRUE와 FALSE는 각각 1과 0으로 표기할 수도 있다.

3.5.3 프로그램 실행

프로그램 입력이 모두 끝났다면 [메뉴] - [솔루션 빌드]를 선택하여 빌드를 수행한다. 비주얼 스튜디오에서는 빌드의 결과로 출력 메시지를 보여주며 error가 없이 빌드가 수행되어야 한다. 만약 오류가 있다면 해당하는 부분을 더블클릭하면 오류가 있는 라인을 표시해주며, 그 부분을 유심히 관찰하면 문장의 끝에 세미콜론이 빠져 있거나 대입 연산자인 :=를 잘못 표기한다거나 하는 오류들을 발견할 수 있다.

[그림 3-4] 결과 출력창

1) Activate configuration

프로젝트 설정 및 프로그램이 추가된 모든 구성을 활성화시키기 위해서 메인 메뉴에서 [트윈캣] - [액티베이트 컨피규레이션]을 클릭한다.

[그림 3-5] Activate configuration

아래와 같은 창이 나타나면 확인을 클릭한다.

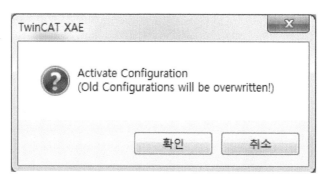

[그림 3-6] 프로그램 설정 확인

라이센스를 입력할 것인지 묻는 메시지 창이 나타나면 예를 클릭한다. 트라이얼 라이센스 코드를 동일하게 입력하고 OK를 클릭한다.(대소문자 구분)

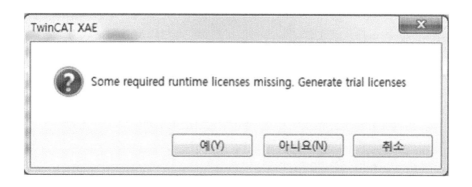

[그림 3-7] 라이센스 입력

2) 런모드 변환

컨피규레이션을 활성화시키면 트윈캣을 런 모드로 실행시킬지를 묻는 메시지창이 나타나면 확인을 클릭한다.

[그림 3-8] 런 모드 실행

트윈캣을 런 모드/설정 모드로 변환은 [트윈캣] 메뉴에서 선택할 수 있다.

[그림 3-9] 런 모드/설정 모드 변환

각 모드는 윈도 시스템 트레이에서 다음과 같이 상태가 변경되는 것을 확인할 수 있다.

Config mode

Run mode

3) 로그인 및 다운로드

제어 태스크를 수행하기 위해서 제어기에 접속(로그인)하고 컴파일된 프로그램이 다운로드되어야 한다. 메인 메뉴 [PLC]-[LOGIN]을 선택한다. 프로그램을 하고 있는 PC 자체에서 제어를 수행하는 경우에는 다음과 같은 메시지 창이 나타난다.

예를 클릭하면 포트를 만들고 다운로드를 수행한다.

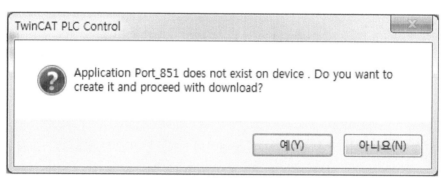

TwinCAT PLC Control

Application Port_851 does not exist on device . Do you want to create it and proceed with download?

예(Y)   아니요(N)

[그림 3-10] 다운로드 메시지

MAIN 프로그램이 [Online] 모드로 된 것을 확인할 수 있고 각 변수가 모니터링되는 것을 볼 수 있다.

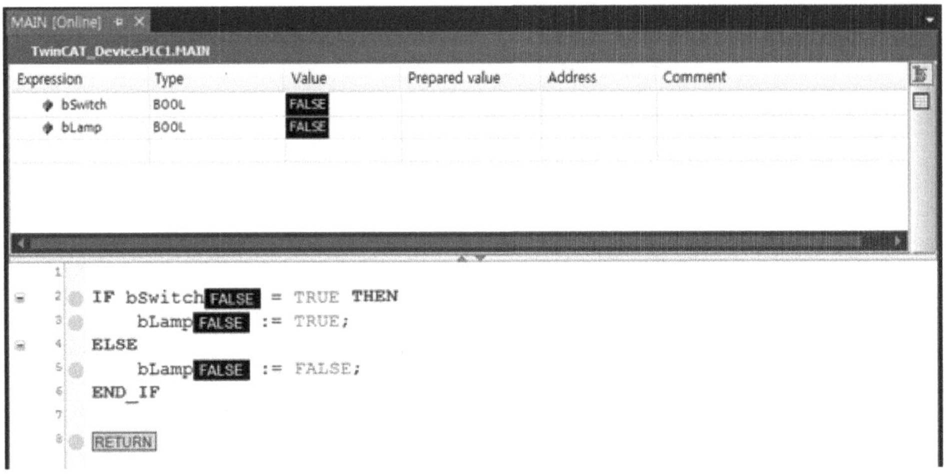

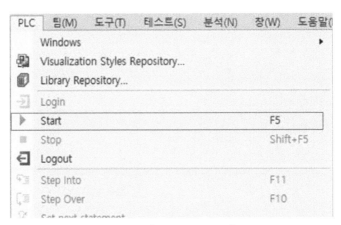

[그림 3-11] 온라인 상태

4) 태스크 시작과 정지

현재 상태는 온라인이 되어 있는 정지 상태이기 때문에 프로그램의 태스크를 시작시켜야 프로그램이 동작한다. 메인 메뉴에서 [PLC] - [Start]를 선택한다.

[그림 3-12] PLC Start/Stop

태스크를 정지시킬 때는 STOP을 클릭한다.

지금까지의 과정들은 활성화된 메뉴 아이콘을 통해서도 실행 가능하다.

5) 변숫값 변경과 모니터링

스타트된 상태에서는 입력 변수의 값이 변경되는 것에 따라서 출력 변수도 변화하는 것을 확인할 수 있으며, 변수의 값을 변경시키기 위해서 변수창의 Prepared value 부분을 클릭하거나 프로그램에서 변수를 더블클릭한다.

변경하고자 하는 값(또는 상태)으로 설정해 놓은 상태에서 [PLC] – [Write value]를 선택하면 해당하는 값이 대입된다.

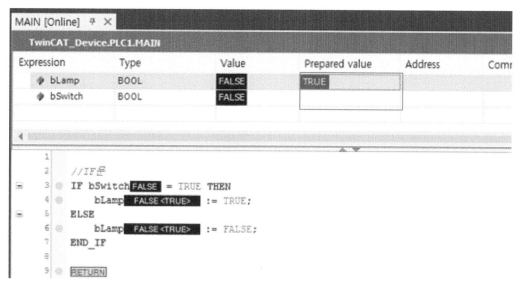

[그림 3-13] 변수 변경

제4장

사용자 인터페이스

4.1 사용자 인터페이스 개요

4.2 HMI 컴포넌트

4.3 Visualization 설정과 프로그램

4장. 사용자 인터페이스

4.1 사용자 인터페이스의 개요

4.1.1 HMI

　PC 기반 제어에서 사용자 인터페이스는 필수 요소라고 할 수 있다. 일반적으로 PLC 기반의 자동화 시스템에서는 HMI라는 용어를 더 자주 사용한다. HMI는 Human Machine Interface의 약자로 기계와 사람 간의 커뮤니케이션을 위한 통로가 되는 역할을 한다. 마이크로소프트 윈도 기반의 HMI 소프트웨어는 자동화 분야에서 또 하나의 중요한 요소로 자리매김해 왔고 수많은 시행착오를 거치며 독자적으로 발전해왔다.

　현재의 자동화 시스템들은 그 형태가 조금씩 다를 뿐 HMI를 사용하지 않는 경우가 없을 정도로 많은 분야에서 사용되고 있다.

　정보통신 기술의 발전에 따라 이제는 HMI를 공장의 생산 현장에서만 이용하는 것이 아니라 인터넷이 연결된 모든 곳에서 모든 형태의 디바이스로 접속이 가능하도록 발전해 가고 있다. 이를 통하여 생산 시스템을 단순히 모니터링하는 것에 그치지 않고, 문제를 사전에 예방하며 전사적 차원에서 에너지와 자원을 효율적으로 관리하여 모든 시간과 비용을 절약할 수 있게 된다.

4.1.2 TwinCAT Visualization

PC 기반 제어 시스템은 PC 자체에 모니터라고 하는 디스플레이 장치가 있기 때문에 기본적으로 HMI를 쉽게 구현할 수 있도록 발전되어 왔다. PC와 디스플레이 산업의 발전으로 현재는 산업용 PC와 디스플레이가 일체형으로 나오는 제품들도 있고, 전통적인 방식의 PLC와 같이 별도의 디스플레이 장치를 연결할 수 있는 옵션들을 제공하고 있다.

트윈캣 역시 비주얼 스튜디오라고 하는 통합 환경 안에 HMI를 구현하기 위한 기능들을 함께 가지고 있다. 따라서 제어를 위한 프로젝트 시간이 단축되고 어드레스의 변경 등으로 인한 태그 미스매칭의 문제점들을 사전에 예방할 수 있다.

트윈캣에서는 비주얼라이제이션(Visualization)이라는 이름으로 HMI 기능을 사용할 수 있으며 다양한 디지털, 아날로그 컴포넌트들을 라이브러리에서 기본적으로 제공하고 있다.

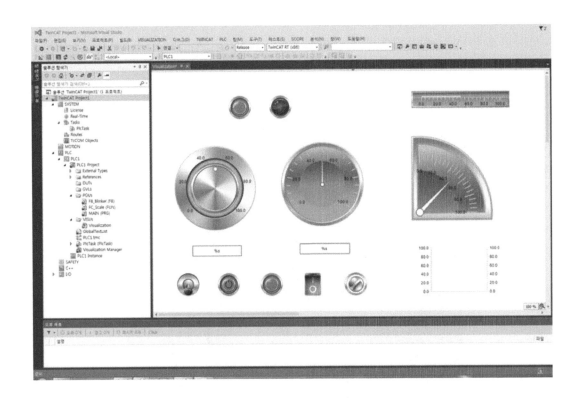

4.2 HMI 컴포넌트

1) 디지털 입출력

각종 조작 스위치를 대신할 수 있는 푸시 버튼, 토글 스위치 등과 상태 표시 램프를 대신할 수 있는 램프 컴포넌트 등을 비트(bit)형 또는 불(bool)형 컴포넌트라고 한다.

2) 아날로그 입출력

각종 수치값을 표현할 수 있는 숫자 표시기와 제어를 위해 수치값을 입력할 수 있는 키패드 등이 포함된다. 단순히 숫자뿐만 아니라 다이얼, 게이지, 프로그레스바 등 다양한 이미지로 시각적 효과를 줄 수도 있다. 이와 같은 컴포넌트를 데이터형 또는 수치형 컴포넌트라고 한다.

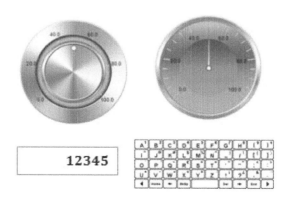

4.3 Visualization 설정과 프로그램

1) Visualization 항목 추가

솔루션 탐색기에서 VISUs 항목을 선택하고 오른쪽 마우스를 클릭하여 Add >
Visualization을 선택한다.

Name 필드에 원하는 이름을 입력하고 'Open' 버튼을 클릭한다.

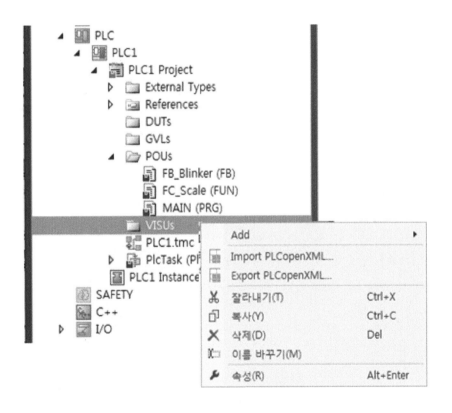

Visualization 선택

이름 입력

Visualization 화면이 추가되었다. 중간에 있는 편집창에 컴포넌트를 삽입하거나 디자인한다.

우측에 있는 속성창은 컴포넌트들의 속성을 설정하는 창이다.

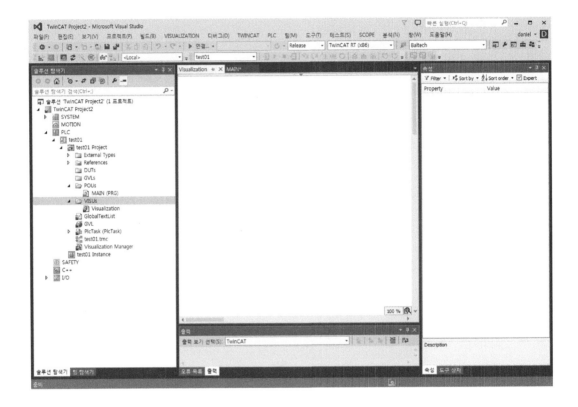

2) 비트형 컴포넌트

앞에서 실습했던 스위치를 켜면 램프가 켜지고 스위치를 끄면 램프도 꺼지는 단순한 프로그램에 맞추어 비주얼라이제이션을 구성한다.

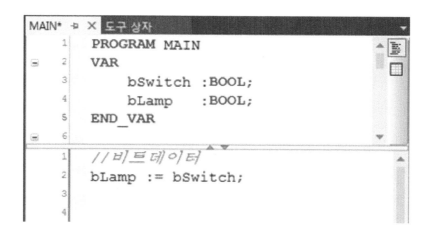

도구 상자에서 lamp/switch/bitmap 항목에 있는 딥 스위치를 선택하고 빈 화면으로 드래그 앤 드롭하여 위치시킨다. 램프도 마찬가지 방법으로 끌어다 놓는다.

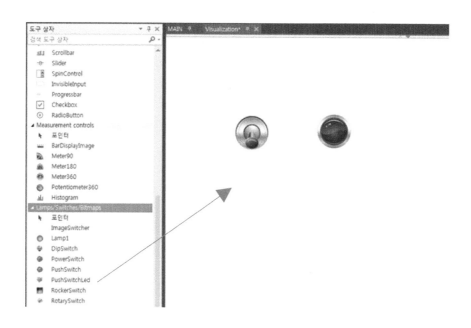

각각의 컴포넌트를 클릭하면 우측에 있는 속성(properties)창에 해당 컴포넌트의 속성이 나타난다.

먼저 딥 스위치의 속성 중에서 앞서 작성한 프로그램의 변수와 연결해 주는 작업이 필요하다. 속성창에서 Variable 항목 우측에 비어 있는 속성값을 더블클릭하면 그림과 같은 버튼이 나타나고 버튼을 클릭하면 변수 선택창이 나타난다.

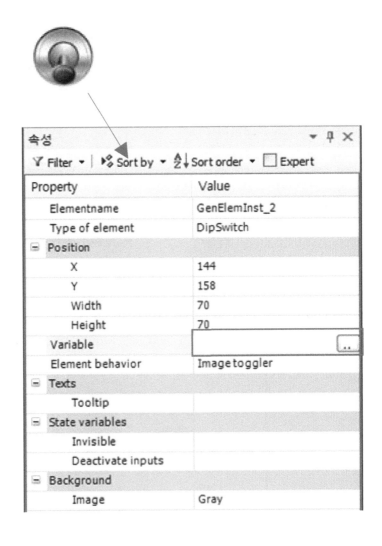

PLC 프로젝트를 확장시켜 보면 POU 폴더 아래에 메인 프로그램이 있고 메인 프로그램 아래에는 앞서 선언한 변수들의 리스트가 나타난다.

여기서 bSwitch를 선택하고 OK 버튼을 클릭한다. 램프에 대해서도 동일하게 bLamp 변수를 선택한다.

3) 실행 및 모니터링

비주얼라이제이션을 처음 추가할 때는 액티브컨피규레이션을 클릭하여 구성을 업데이트시켜 주어야 한다. 그 후에 프로그램을 컴파일하고 로그인 후 스타트시켜 준다. 그림과 같이 두 개의 창을 나란하게 띄우면 스위치의 동작으로 변수가 변하는 것을 쉽게 확인할 수 있다.

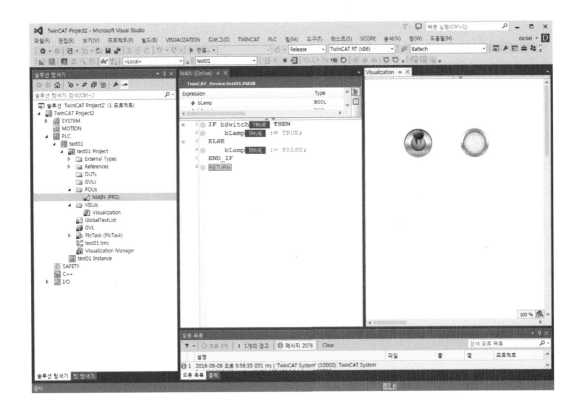

4) 수치형 컴포넌트

0에서 100까지의 값이 있는 다이얼을 돌리면 게이지에 표시되는 예제이다.

메인 프로그램에는 정수형의 변수 iGuage와 iDial을 추가한 후에 비트데이터와 동일한
방법으로 프로그램을 작성한다.

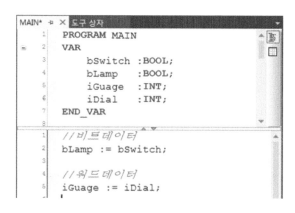

도구 상자에서 measurement control 항목에 있는 포텐쇼미터와 게이지를 visualization
화면으로 드래그 앤 드롭한다.

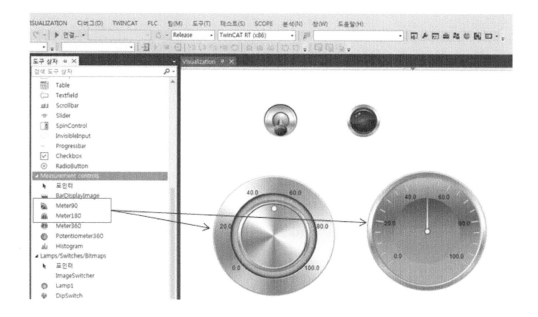

속성창에서 Variable 항목 우측에 비어 있는 속성값을 더블클릭한다. 그림과 같이 버튼이 나타나면 버튼을 클릭한다.

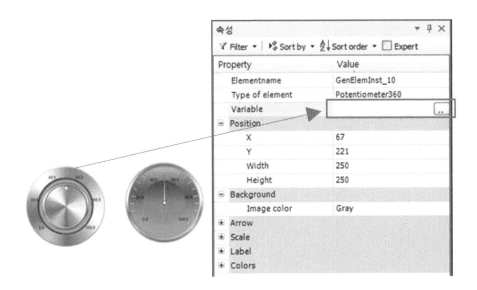

변수 입력창에서 PLC 프로젝트를 확장시켜 보면 POU 폴더 아래에 메인 프로그램이 있고 메인 프로그램 아래에는 앞에서 선언한 변수들의 리스트가 나타난다.

여기서 iDial을 선택하고 OK 버튼을 클릭한다. 게이지에 대해서도 동일하게 iGuage 변수를 선택한다.

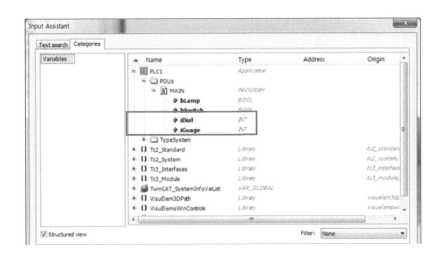

5) 기타 컴포넌트

수치형 컴포넌트와 더불어 숫자를 표현하기 위해서 Rectangle(사각형)을 선택한 후 다이얼과 게이지 아래로 각각 끌어다 놓는다.

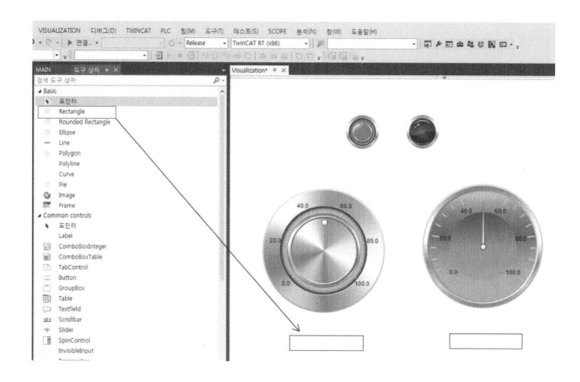

다이얼 아래에 있는 사각형을 클릭하고 속성창에서 texts 항목을 확장한 후 text 속성에 %S를 입력한다. 여기서 %s는 스트링 변환 기호이다.

text variable 항목에서 빈칸을 더블클릭하고 나타나는 버튼을 눌러서 iDial 변수를 선택한다. 변수를 알고 있다면 main.idial이라고 직접 타이핑할 수도 있다.

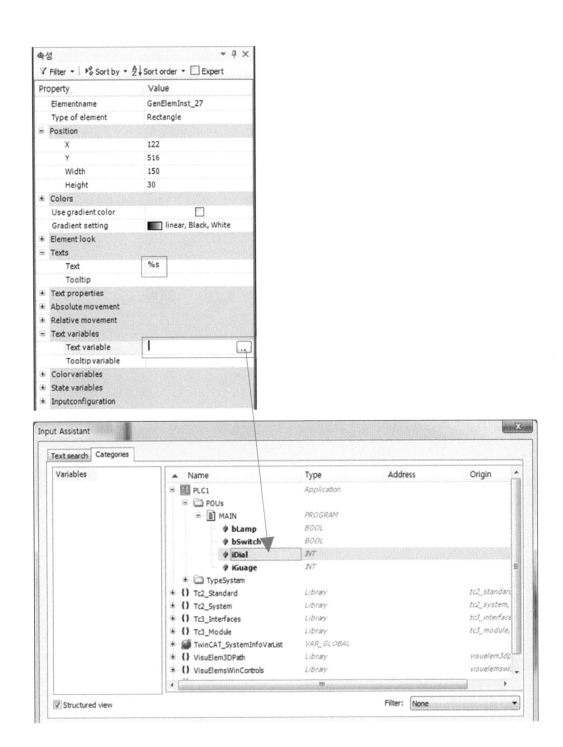

네모 박스를 클릭했을 때 사용자가 수치값을 입력할 수 있도록 하기 위해서 추가적인 설정이 필요하다.

① 속성창에서 Input configuration 항목에서 OnMouseDown을 선택하고 configure…를 클릭한다. 이것은 일종의 이벤트 입력 기능인데 마우스의 동작에 따라 특정한 기능을 설정하는 것이다.

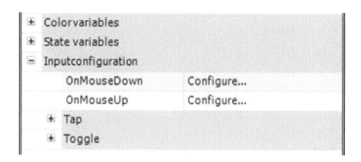

② OnMouseDown 설정창에서 Write a varialble을 선택하고 우측 화살표를 누르면 선택창에 입력된다. 즉 변숫값을 쓰겠다는 의미이다.

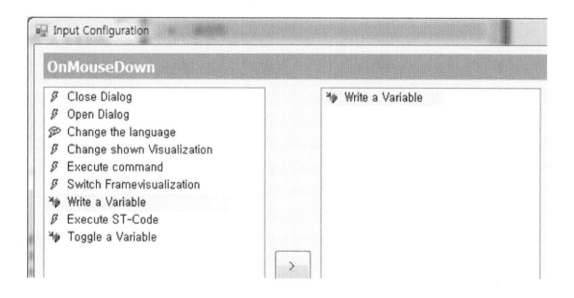

③ input type에서는 VisuDialogs.Numpad를 선택한다. 숫자 패드 형태로 변수를 입력하겠다는 의미이다. 설정을 마쳤으면 OK를 클릭한다.

이제 로그인하고 스타트시키면 수치 데이터가 표시된다. 다이얼 아래의 숫자 표시기에 마우스를 클릭하면 그림과 같이 숫자 패드가 나타난다. 숫자 패드에 값을 입력하고 OK 버튼을 클릭하면 입력한 숫자가 적용되는 것을 확인할 수 있다.

기초 프로그램 실습

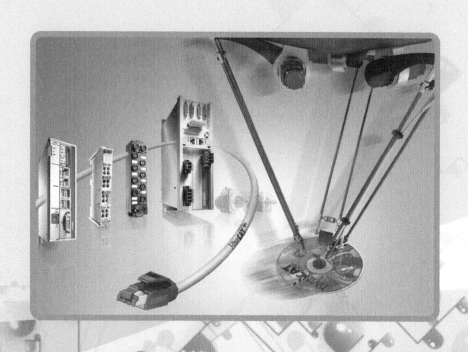

5장. 기초 프로그램 실습

5.1 논리연산

[논리회로] - YES
스위치를 누르면 램프가 점등한다.
스위치를 떼면 램프가 소등한다.

```
MAIN*  ⊣ X
   1    PROGRAM MAIN
   2    VAR
   3        bLamp: BOOL;
   4        bSwitch: BOOL;
   5    END_VAR
   6
```

```
   1    IF bSwitch THEN
   2        bLamp := TRUE;
   3    ELSE
   4        bLamp := FALSE;
   5    END_IF
   6
```

위에서 사용한 IF문의 결과식은 다음과 같이 간단히 표현할 수 있다.

bLamp := bSwitch ;

실습 2

[논리회로] - NOT
초기 상태에 램프는 점등되어 있다.
스위치를 누르면 램프가 소등한다. OFF 시 다시 점등된다.

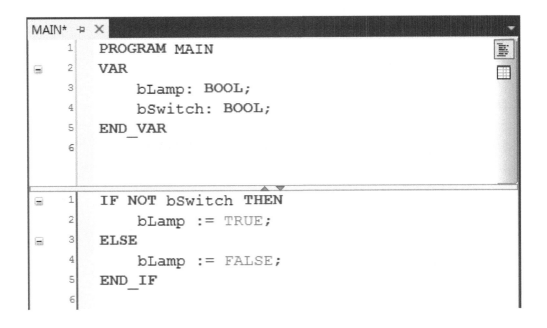

위의 IF문은 다음과 같이 표현할 수 있다.

bLamp := NOT bSwitch ;

실습 3

[논리회로] - OR
스위치1 또는 스위치2 둘 중 하나의 버튼만 눌러도 램프가 점등한다.

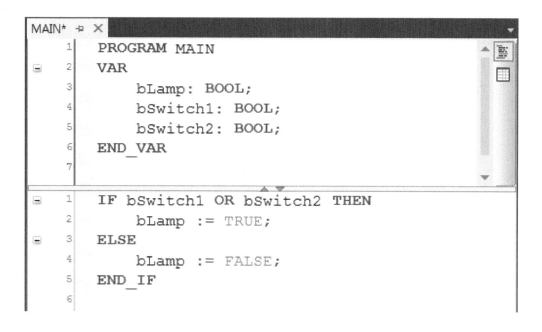

위의 IF문은 다음과 같이 표현할 수 있다.

bLamp := bSwitch1 OR bSwitch2 ;

실습 4

[논리회로] – AND

스위치1, 스위치2 두 개의 버튼을 모두 누르면 램프가 점등한다.

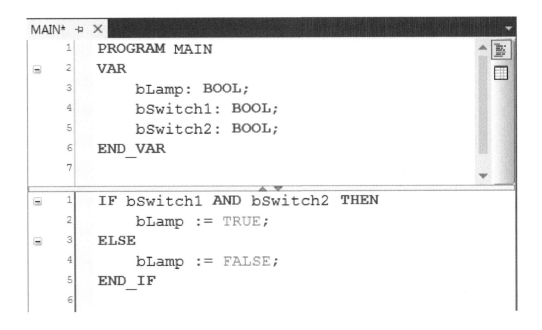

위의 IF문은 다음과 같이 표현할 수 있다.

bLamp := bSwitch1 AND bSwitch2 ;

5.2 사칙연산

[연산회로] – 덧셈

스위치1(SW1)을 ON 시 1과 2를 더한 값이 D0에 저장된다.

스위치2(SW2)를 ON 시 2와 3을 더한 값이 D1에 저장된다.

스위치3(SW3)을 ON 시 D0과 D1을 더한 값이 D2에 저장된다.

* 변수 SW1~3은 글로벌 배리어블 리스트에 등록하였다.

```
1   PROGRAM MAIN
2   VAR;
3       D0: INT;
4       D1: INT;
5       D2: INT;
6   END_VAR
7
```

```
1   IF SW1 THEN
2       D0:=1+2;
3   END_IF
4   IF SW2 THEN
5       D1:=2+3;
6   END_IF
7   IF SW3 THEN
8       D2:=D0+D1;
9   END_IF
```

실습 6

[연산회로] – 뺄셈

스위치1(SW1)을 ON 시 10에 5를 감산한 값이 D0에 저장된다.

스위치2(SW2)를 ON 시 4에 1을 감산한 값이 D1에 저장된다.

스위치3(SW3)을 ON 시 D1에 D0을 감산한 값이 D2에 저장된다.

```
1   PROGRAM MAIN
2   VAR;
3       D0: INT;
4       D1: INT;
5       D2: INT;
6   END_VAR
7
```

```
1   IF SW1 THEN
2       D0:=10-5;
3   END_IF
4   IF SW2 THEN
5       D1:=4-1;
6   END_IF
7   IF SW3 THEN
8       D2:=D1-D0;
9   END_IF
```

실습 7

[데이터 증가회로]

스위치1(SW1)을 ON 시 D0의 값을 1씩 증가시킨다.

```
1    PROGRAM MAIN
2    VAR;
3        RT1: R_TRIG;
4        D0: INT;
5    END_VAR
6
```

```
1    RT1(CLK:=SW1 , Q=> );
2    IF RT1.Q THEN
3        D0:=D0+1;
4    END_IF
```

[기본 펑션블럭 : Trigger]

트리거는 상승 및 하강 에지 검출을 위해 사용하는 기본 펑션블럭이다.

[R_TRIG] : R_TRIG는 off에서 on으로 변하는 상승 에지(Rising edge)를 검출하기 위해
　　　　　사용한다.

[F_TRIG] : F_TRIG는 on에서 off로 변하는 하강 에지(Falling edge)를 검출하기 위해
　　　　　사용한다.

- 프로그램 작성 시트에서 키보드의 F2를 누르면 아래의 팝업창이 생성된다. [Function
Blocks] - [Tc2_standard] - [Trigger] - [R_TRIG]를 선택 후 OK를 클릭한다.

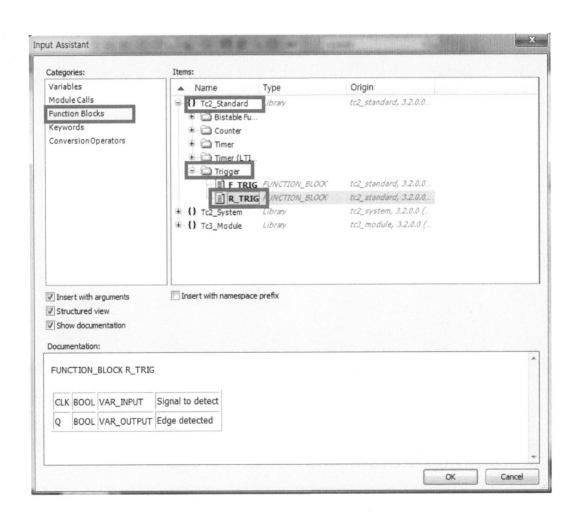

변수 입력창이 나타나면 Name에 RT1이라고 작성 후 OK를 클릭한다.

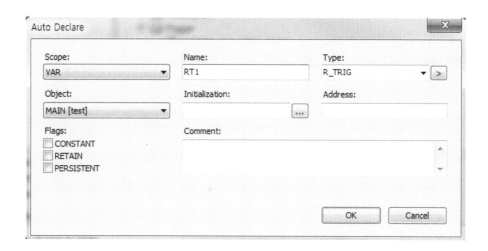

아래의 프로그램을 참고하여 동일한 방법으로 작성해 본다.

```
1   PROGRAM MAIN
2   VAR;
3       RT1: R_TRIG;
4       M1: INT;
5   END_VAR
6
```

```
1   RT1(CLK:=SW1 , Q=> );
2   IF RT1.Q THEN
3       M1:=M1+1;
4   END_IF
5   IF M1=2 THEN
6       M1:=0;
7   END_IF
8   IF M1=1 THEN
9       LAMP1:=TRUE;
10      ELSE LAMP1:=FALSE;
11  END_IF
```

실습 8

[데이터 감소회로]
스위치1(SW1)을 ON 시 D0의 값을 1씩 감소시킨다.

```
1  PROGRAM MAIN
2  VAR;
3      RT1: R_TRIG;
4      D0: INT;
5  END_VAR
6
```

```
1  RT1(CLK:=SW1 , Q=> );
2  IF RT1.Q THEN
3      D0:=D0-1;
4  END_IF
```

5.3 타이머, 카운터

[TON] : ON-Delay timer를 의미한다.

Timer on-delay

파라미터	데이터 타입	설명
IN	BOOL	시작 입력
PT	TIME	설정 시간(지연 시간)
Q	BOOL	출력
ET	TIME	경과 시간

타이머 입력인 IN의 상태가 TRUE가 되면 PT에서 설정한 시간이 지연되기 시작한다. 시간 지연이 완료되면 Q를 통하여 출력의 상태가 변하고 ET를 통해 경과되는 시간을 모니터링할 수 있다. 동작 타이밍 차트는 아래 그림을 참고하면 된다.

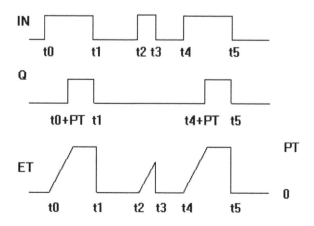

〔TOF〕 : OFF-Delay timer를 의미한다.

Timer off-delay

파라미터	데이터 타입	설명
IN	BOOL	시작 입력
PT	TIME	설정 시간(지연 시간)
Q	BOOL	출력
ET	TIME	경과 시간

　타이머 입력인 IN의 상태가 TRUE가 되면 Q를 통하여 출력의 상태가 바로 변한다. 타이머 입력이 FALSE가 되면 PT에서 설정한 시간이 지연되기 시작한다. 시간 지연이 완료되면 Q의 출력이 OFF된다. ET를 통해 경과되는 시간을 모니터링할 수 있다. 동작 타이밍 차트는 아래 그림을 참고하면 된다.

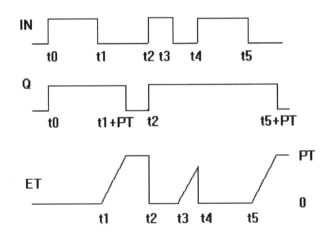

〔**TP**〕: Pulse timer를 의미한다.

파라미터	데이터 타입	설명
IN	BOOL	시작 입력
PT	TIME	설정 시간(지연 시간)
Q	BOOL	출력
ET	TIME	경과 시간

타이머 입력인 IN의 상태가 TRUE가 되면 Q를 통하여 출력의 상태가 바로 변하고 PT 에서 설정한 시간이 지연되면 Q의 출력이 OFF된다. 입력의 지속 상태와 상관없이 일정한 주기의 단펄스 출력을 만들 수 있다. 동작 타이밍 차트는 아래 그림을 참고하면 된다.

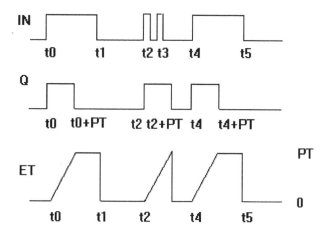

[ON 타이머회로]
스위치1(SW1)을 3초간 ON 시 램프1(LAMP1)이 점등된다. OFF 시 소등된다.

프로그램 작성 시트에서 키보드의 F2를 누르면 아래의 팝업창이 생성된다. [Function Blocks] - [Tc2_standard] - [Timer] - [TON]을 선택 후 OK를 클릭한다.

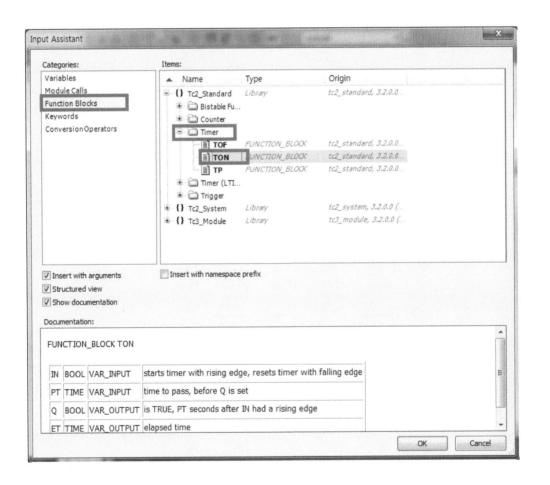

Name 필드에 T0라고 입력하고 OK를 클릭한다.

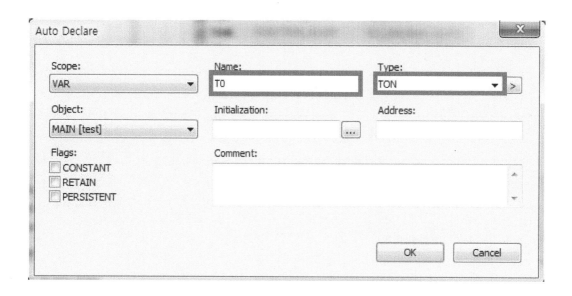

다음과 같이 T0라고 하는 타이머 변수가 선언되었고 프로그램 창에는 T0의 모든 파라미터들이 자동으로 나열된다.

```
1    PROGRAM MAIN
2    VAR;
3        T0: TON;
4    END_VAR
5
```

```
1    T0(IN:= , PT:= , Q=> , ET=> );
```

- PT는 지연 시간 설정 값을 작성하는 부분이다. T#3S는 3초를 의미한다.
  ex) 1초 : T#1S, 5초 : T#5S, 5분 : T#5M

타이머의 시작 조건인 IN에는 스위치 변수인 SW1을, Q에는 출력인 LAMP1을 입력한다. 펑션블럭에서 => 기호는 출력 변수를 의미한다.

```
1    PROGRAM MAIN
2    VAR;
3        T0: TON;
4    END_VAR
5
```

```
1    T0(IN:=SW1 , PT:=T#3S , Q=>LAMP1 , ET=> );
```

실 습 10

[OFF 타이머회로]

스위치1(SW1)을 ON 시 램프1(LAMP1)이 점등된다. OFF 시 2초 뒤 소등된다.

```
1  PROGRAM MAIN
2  VAR;
3      T0: TOF;
4  END_VAR
5
```

```
1  T0(IN:=SW1 , PT:=T#2S , Q=>LAMP1 , ET=> );
```

〔**CTU**〕 : UP-Counter를 의미한다.

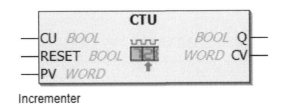

Incrementer

파라미터	데이터 타입	설명
CU	BOOL	카운터 입력
RESET	BOOL	카운터 리셋
PV	UINT	설정값
Q	BOOL	출력
CV	WORD	현재값

업카운터는 카운터 입력 신호가 들어올 때마다 카운트값이 하나씩 증가된다. 설정한 값에 이르면 Q를 통해 출력 신호가 나오고 리셋 신호에 의해서 리셋된다.

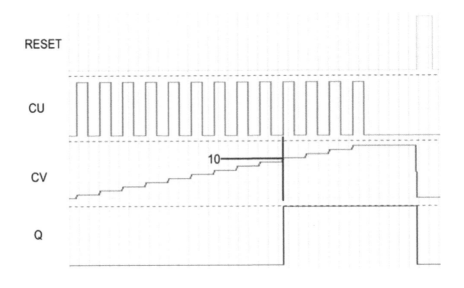

〔CTD〕: Down-Counter를 의미한다.

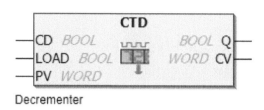

Decrementer

파라미터	데이터 타입	설명
CD	BOOL	카운터 입력
LOAD	BOOL	카운터 셋
PV	UINT	설정값
Q	BOOL	출력
CV	WORD	현재값

다운카운터는 로드 신호로 카운터를 세팅합니다. 카운터 입력 신호가 들어올 때마다 카운트값이 하나씩 감소되고 0에 이르면 Q를 통해 출력 신호가 나온다.

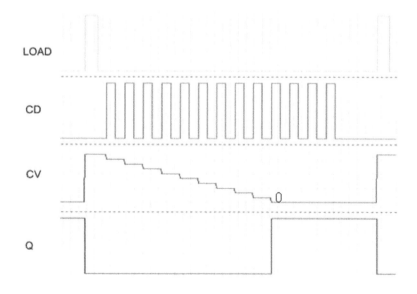

실습 11

[가산 카운터회로]
스위치1(SW1)을 5회 ON 시 램프가 점등된다.
스위치2(SW2)를 ON 시 램프는 소등된다.

펑션블럭 입력에서 CTU를 선택한다.

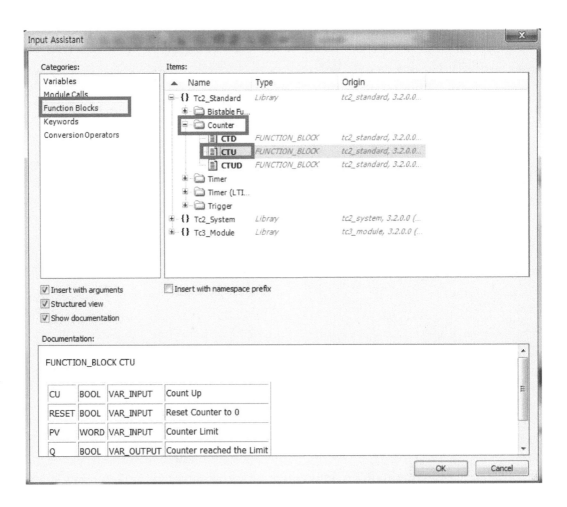

Name 필드에 C0를 입력한다.

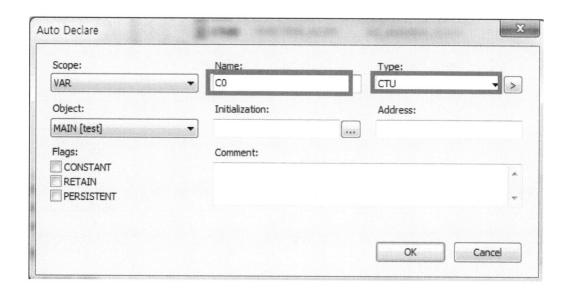

변수 입력창에 C0가 입력되었고 프로그램 편집창에는 펑션블럭이 추가되었다.

```
1    PROGRAM MAIN
2    VAR;
3        C0: CTU;
4    END_VAR
5
```

```
1    C0 (
2        CU:= ,
3        RESET:= ,
4        PV:= ,
5        Q=> ,
6        CV=> );
```

다음과 같이 파라미터를 입력하고 동작을 확인한다.

```
1    PROGRAM MAIN
2    VAR;
3        C0: CTU;
4    END_VAR
5
```

```
1    C0(
2        CU:=SW1 ,
3        RESET:=SW2 ,
4        PV:=5 ,
5        Q=>LAMP1 ,
6        CV=> );
```

5.4 문자열 처리

ST 언어로 문자열 처리 프로그램을 만드는 경우 문자열 처리 명령을 사용한다. 문자열과 관련된 함수는 기본 평션(Fuction)의 형태로 제공된다.

문자열을 다루는 변수는 문자열(STRING)을 지정해야한다. 또한, 직접 문자열을 쓸 때는 작은 따옴표 " ′ "로 묶어주어야 한다.

문자열의 길이를 확인하고 위치를 지정할 때는 1바이트 문자에서 2바이트 문자는 단일 문자로 간주되므로 주의해야 한다.

[프로그램 예]

변수 A에 문자열 ′Hello World′를 대입하는 프로그램은 다음과 같다.

<변수선언부>

```
VAR
       A : STRING;
END_VAR
```

<프로그램부>

```
       A := 'Hello World' ;
```

아래 표는 문자열 처리를 위한 명령어 목록이다.

평션명	내용	평션명	내용
CONCAT	문자열 결합	LEN	문자열 길이 검사
LEFT	좌측에서 문자열 검출	REPEAT	문자열 대체
RIGHT	우측에서 문자열 검출	DELETE	문자열 삭제
MID	중간에서 문자열 검출	INSERT	문자열 삽입
FIND	문자열 검색		

실습 12

[문자열 결합 - CONCAT 사용]
제시되는 두 개의 문자열 STR1, STR2를 결합하여 STR3에 저장한다.
STR1 : TWINCAT
STR2 : AUTOMATION

  프로그램 편집창에서 F2를 누르면 다음과 같은 입력 어시스턴트 창이 열린다. 여기서 [Module calls] 항목을 클릭한 후 [Tc2_Standard]를 확장시켜 보면 기본적으로 제공되는 문자열 관련 함수들의 종류를 한눈에 확인할 수 있다.

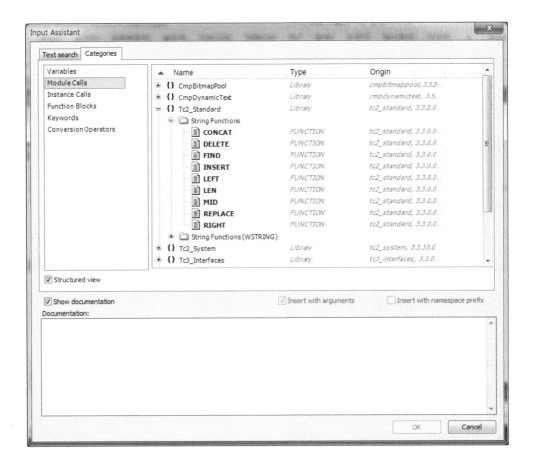

CONCAT을 선택 후 확인을 누르면 다음과 같이 펑션이 입력된다.

```
MAIN*
1  PROGRAM MAIN
2  VAR
3      STR1 : STRING;
4      STR2 : STRING;
5      STR3 : STRING;
6  END_VAR
7

1  STR1 := 'TWINCAT';
2  STR2 := ' AUTOMATION';
3
4  CONCAT(STR1:= , STR2:= );
5
```

CONCAT이라고 하는 펑션이 기본적으로 가지고 있는 파라미터는 STR1과 STR2이므로 여기에 우리가 선언한 STR1과 STR2를 각각 대입한다. 그리고 펑션의 결과값을 STR3에 저장한다.

```
MAIN*
1  PROGRAM MAIN
2  VAR
3      STR1 : STRING;
4      STR2 : STRING;
5      STR3 : STRING;
6  END_VAR
7

1  STR1 := 'TWINCAT';
2  STR2 := ' AUTOMATION';
3
4  STR3 := CONCAT(STR1:=STR1 , STR2:=STR2 );
5
```

[참고]

펑션의 이름을 알고 있거나 자주 사용하는 경우에는 다음과 같이 펑션명을 입력하고 괄호를 열면 풍선 도움말의 형태로 입력할 파라미터가 나타난다.

```
MAIN*  ⌐  ×

 1    PROGRAM MAIN
 2    VAR
 3        STR1 : STRING;
 4        STR2 : STRING;
 5        STR3 : STRING;
 6    END_VAR
 7

 1    STR1 := 'TWINCAT';
 2    STR2 := ' AUTOMATION';
 3
 4    STR3 := CONCAT (|
 5              ┌─────────────────────────────────────────────────┐
 6              │ FUNCTION CONCAT: STRING(255)                    │
                │ tc2_standard, 3.3.0.0 (beckhoff automation gmbh) │
                │                                                 │
                │ VAR_INPUT  STR1  STRING(255)                    │
                │ VAR_INPUT  STR2  STRING(255)                    │
                └─────────────────────────────────────────────────┘
```

변수를 선언할 때 다음과 같이 초깃값을 입력할 수도 있다.

```
MAIN*  ⌐  ×

 1    PROGRAM MAIN
 2    VAR
 3        STR1 : STRING :='TWINCAT';
 4        STR2 : STRING :=' AUTOMATION';
 5        STR3 : STRING;
 6    END_VAR
 7

 1
 2    STR3 := CONCAT(STR1:=STR1 , STR2:=STR2 );
 3
```

실습 13

[문자열 찾기 – FIND 펑션 사용]
'TWINCAT'에서 'CAT'을 찾아서 몇 번째 글자부터 시작하는지 자릿수를 반환하고
Pos 변수에 저장한다.

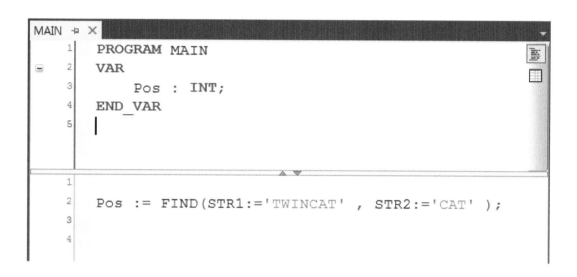

프로그램을 실행시킨 후에 Pos에 저장된 값은 5가 되는 것을 확인할 수 있을 것이다.

[FIND 펑션 설명]

파라미터	데이터 타입	내용
STR1	STRING	입력 문자열
STR2	STRING	찾을 문자열

실습 14

[문자열 지우기 – DELETE 펑션 사용]
TWINCAT이라는 문자열에서 WIN을 지우고 TCAT만 남도록 한다.

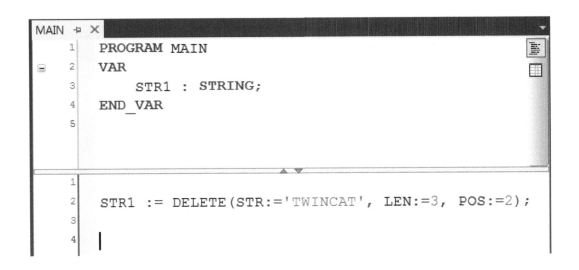

```
PROGRAM MAIN
VAR
    STR1 : STRING;
END_VAR


STR1 := DELETE(STR:='TWINCAT', LEN:=3, POS:=2);

```

[DELETE 펑션 설명]

파라미터	데이터 타입	내용
STR	STRING	입력문자열
LEN	INT	삭제할 문자열 길이
POS	INT	삭제할 첫 글자의 위치

제6장

펑션과 펑션블럭

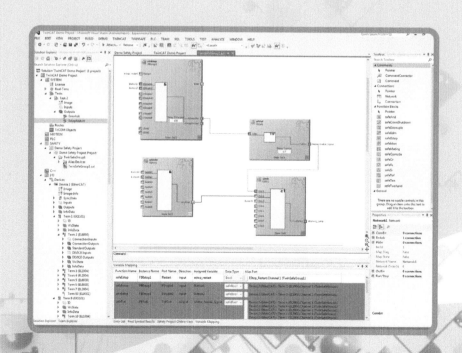

6장. 펑션과 펑션블럭

6.1 펑션과 펑션블럭의 개요

펑션과 펑션블럭은 자주 사용하는 기능들을 모아 놓은 기능의 단위라고 할 수 있다. 펑션과 펑션블럭은 다른 프로그램이나 펑션블럭에서 호출해서 사용할 수 있다.

펑션블럭은 입출력을 가지며 결과값을 유지하는데 반해, 펑션은 단순 계산이나 스케일링, 텍스트 핸들링과 같은 기능들을 수행하고 결과값을 저장하지 않는다.

펑션과 펑션블럭은 표준형과 사용자 정의형으로 구분할 수 있다. 표준형은 앞 장에서 사용했던 타이머, 카운터 등과 같은 펑션블럭과 스트링을 처리할 수 있는 펑션으로서 프로그램을 설치만 하면 기본적으로 제공되는 기능이라고 할 수 있다. 사용자 정의형은 펑션과 펑션블럭을 사용자가 직접 만들어서 사용하는 것이다. 이 장에서는 사용자 정의형 펑션과 펑션블럭을 만들고 사용하는 법에 대해 설명할 것이다.

다음 구조도는 표준 펑션과 펑션블럭을 나타내고 있다.

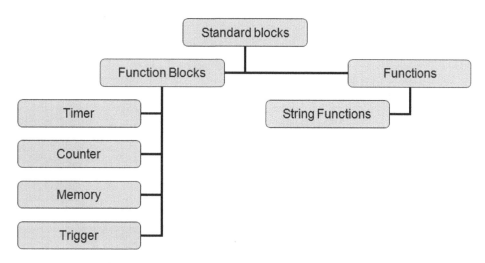

[그림 6-1] 표준 펑션(FC)과 펑션블럭(FB)

6.2 펑션블럭 만들기

일정한 시간 간격으로 ON-OFF를 반복하는 기능을 플리커 또는 블링커라고 하는데, 사용자가 반복되는 사이클 타임을 지정할 수 있는 블링커 기능을 수행하는 펑션블럭을 만들어 보도록 하겠다.

1) 사용자 펑션블럭 추가

솔루션 탐색기에서 POUs 폴더에 마우스 오른쪽 클릭을 하고 Add - POU를 선택한다.

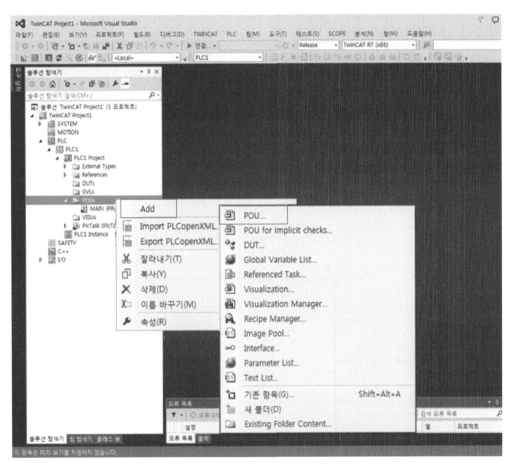

[그림 6-2] POU 추가

POU를 추가하는 팝업창이 나타나면 Name 필드에 FB_Blinker라고 입력한 후 Type은 Function Block을 선택하고 언어는 ST를 선택한다.

사용자 펑션블럭을 만들 때 보통 대문자로 FB_를 표기하고 이것을 사용할 때는 소문자 fb_로 이름을 붙이는데 이렇게 붙여진 이름을 인스턴스라고 한다. 인스턴스에 대한 설명은 뒷부분에 다시 하기로 한다.

[그림 6-3] POU 추가

2) 펑션블럭 프로그램 작성

FB_Blinker의 변수 입력창에는 variable input과 variable output이 있다. Variable input은 사용자가 이 펑션블럭을 컨트롤하기 위한 파라미터 변수를 입력하고 variable output에는 출력 요소가 될 변수를 입력한다. 이 예제에서는 시작 신호와 점멸 시간이 입력 변수이고 점멸 출력이 출력 변수가 된다.

프로그램은 시작 조건인 bStart가 On이 되었을때 bBlinkout이 On되고 설정 시간 이후에는 OFF 되는 동작이 반복되는 프로그램이다.

tTime은 사용자가 입력할 수 있는 시간 설정값(사이클 타임)이다. 시간 변수에 대한 데이터 타입은 TIME으로 선언한다.

VAR과 END_VAR 사이에는 해당하는 프로그램에서 사용하는 지역 변수를 입력하는데 여기서는 CASE 문을 사용하기 위한 step이라는 정수형 변수와 시간 지연을 위한 타이머 T1을 선언해서 사용한다.

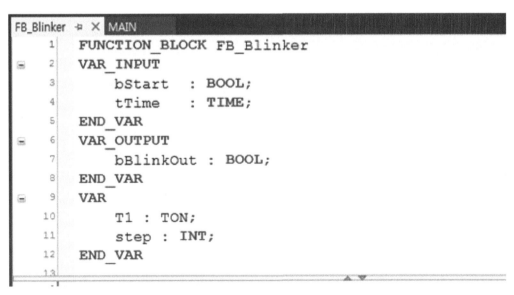

```
FB_Blinker ╪ ×  MAIN
    1    FUNCTION_BLOCK FB_Blinker
    2    VAR_INPUT
    3        bStart   : BOOL;
    4        tTime    : TIME;
    5    END_VAR
    6    VAR_OUTPUT
    7        bBlinkOut : BOOL;
    8    END_VAR
    9    VAR
   10        T1 : TON;
   11        step : INT;
   12    END_VAR
   13
```

[그림 6-4] FB_Blinker의 변수 입력창

프로그램에서는 case 문을 사용하여 프로그램을 작성하였다. case 문은 시퀀스로 반복되는 구문을 제어하기에 편리하다. 특히 기계를 제어함에 있어서 기계의 상태에 따른 동작을 수행할 수 있기 때문에 스테이트 머신이라고 한다.

동작 신호에 해당하는 bStart가 TRUE가 되면 case 문이 실행이 되고 첫 번째 초기 스텝은 bBlinkOut을 ON으로 만든 후, 타이머 t1을 외부에서 입력된 tTime 시간값만큼 지연시켜 준다. 타이머 시간 지연이 완료되어 t1.Q가 ON이 되면 다음 스텝으로 넘어간다.

다음 스텝에서의 동작은 출력을 OFF시키고 동일한 시간만큼 지연시킨 후에 다시 0번 스텝으로 돌아가는 것이다. 이 두 상태가 계속해서 반복되면 펑션블럭의 출력을 통해 ON-OFF가 반복되는 것을 알 수 있다.

```
 1
 2   IF bStart THEN
 3       CASE step OF
 4           0:
 5               bBlinkOut := TRUE;
 6               t1(in:=TRUE, pt:=tTime);
 7               IF t1.Q THEN
 8                   t1(in:=FALSE);
 9                   step:=10;
10               END_IF
11           10:
12               bBlinkOut := FALSE;
13               t1(in:=TRUE, pt:=tTime);
14               IF t1.Q THEN
15                   t1(in:=FALSE);
16                   step:=0;
17               END_IF
18       END_CASE
19   ELSE
20       bBlinkOut:=FALSE;
21       t1(in:=FALSE);
22       step:=0;
23   END_IF
```

[그림 6-5] FB_Blinker의 프로그램

3) 사용자 펑션블럭 사용

이제 MAIN 프로그램에서 펑션블럭을 호출하여 사용하는 과정을 살펴보자.

먼저 변수 입력창에 fb_Blink1이라고 하는 이름으로 인스턴스를 생성한다. 이 인스턴스의 데이터 타입은 FB_Blinker가 된다. 이렇게 한 번 만들어 놓은 FB_Blinker의 인스턴스를 여러 개 만들어서 반복적으로 사용할 수 있게 된 것이다.

```
FB_Blinker        MAIN  ⊞ ×
    1    PROGRAM MAIN
    2    VAR
    3        bSwitch : BOOL;
    4        bLamp   : BOOL;
    5        fb_Blink1: FB_Blinker;
    6    END_VAR
    7

    1
    2    fb_Blink1(bStart:=bSwitch , tTime:=T#1S , bBlinkOut=>bLamp );
    3
```

[그림 6-6] 메인 프로그램에서 펑션블럭 사용

기존에 작성했던 스위치와 램프를 이용하여 동작을 테스트해 보자.

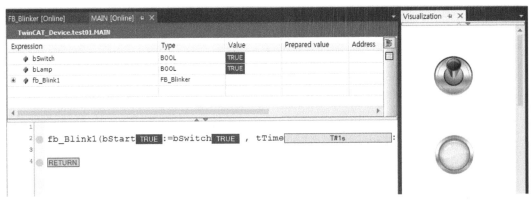

[그림 6-7] Blinker 동작 테스트

6.3 펑션 만들기

아날로그 센서에서 입력되는 값을 처리할 때 물리량과 전압값, 전압값과 환산값의 데이터 처리가 필요한데, 이와 같이 스케일링이 필요한 연산을 위하여 스케일링 기능을 수행하는 펑션을 만들어 보도록 하겠다.

1) 사용자 펑션 추가

솔루션 탐색기에서 POUs 폴더에 마우스 오른쪽 클릭을 하고 Add – POU를 선택한다.

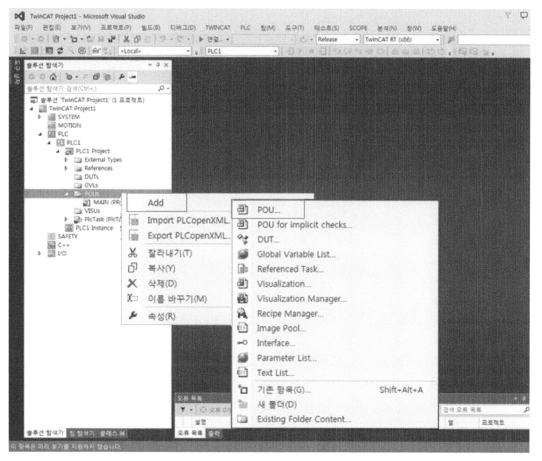

[그림 6-8] POU 추가

Name 필드에 FC_Scale이라고 입력하고 Type은 Function을 선택 후, Return type으로 REAL을 선택한다.

리턴 타입은 펑션이 호출되었을 때 펑션 내부의 연산이 수행되고 출력되는 결과값의 데이터 타입을 의미한다.

사용할 언어는 ST를 선택하고 Open을 클릭한다.

[그림 6-9] POU 추가

본 예제에서 만들 펑션은 a와 b라고 하는 두 개의 파라미터값을 받아서 두 값을 곱하고 10을 더해주는 연산 펑션이다.

앞에서 생성한 펑션의 변수창에 variable input으로 a와 b라고 하는 두 개의 변수를 선언하고 데이터 타입은 실수형인 real로 지정했다.

그리고 프로그램창에는 계산식을 문법에 맞는 연산자를 사용하여 표현하였다. 주의할 점은 펑션블럭과는 다르게 펑션에는 출력값이 별도로 없고 연산의 결과값이 펑션 이름과 동일하게 사용하였다는 것이다.

$$FC\_Scale = a \times b + 10$$

```
FC_Scale*  ⊓ ✕ MAIN          FB_Blinker
    1       FUNCTION FC_Scale : REAL
    2       VAR_INPUT
    3           a : REAL;
    4           b : REAL;
    5       END_VAR
    6       VAR
    7       END_VAR
    8       |

    1
    2       FC_Scale := a*b + 10;
    3
```

[그림 6-10] 펑션 프로그램 편집

이제는 메인 프로그램에서 FC_Scale 펑션을 사용해 보자.

펑션을 사용할 때는 펑션블럭처럼 인스턴스를 생성할 필요가 없다. 다만, 연산의 결과값을 저장할 변수를 동일한 데이터 타입으로 선언해 주면 된다. 여기서는 Result라는 실수형 변수를 사용했다.

이제 프로그램 편집창에서 FC_Scale을 입력하고 괄호를 열면 입력할 수 있는 파라미터들이 나타난다. a와 b에 임의의 값을 대입시켜 주었다.

프로그램을 실행시키면 입력한 파라미터들의 연산값이 rResult 변수에 저장되어 있는 것을 확인할 수 있다.

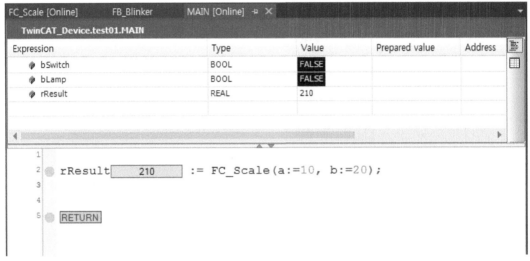

[그림 6-11] 메인 프로그램 펑션 호출

6.4 펑션 프로그래밍 응용

1) 프로그램 정의

푸시 버튼1을 누르면 데이터1과 데이터2가 연산식 1번에 의한 결과값을 표현하고, 푸시 버튼2를 누르면 데이터1과 데이터2가 연산식 2번에 의한 결과값을 표현하는 프로그램을 펑션과 비주얼라이제이션을 이용하여 만들어 보도록 하겠다.

덧붙여, 결과값이 디스플레이되고 3초가 지나면 다시 0으로 리셋되어야 하는 것도 요구사항으로 추가하겠다.

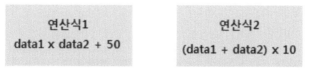

[그림 6-12] 연산식 정의

푸시 버튼은 사용자에 의해 수동적으로 눌러지는 인터페이스 요소가 된다.

데이터1과 데이터2는 가변적으로 입력될 수 있는 값이기 때문에 상수가 아닌 변수 형태로 입력이 되며 키보드를 통해 입력하도록 한다.

연산식1과 2는 여기서는 간단한 사칙연산을 이용하지만 때에 따라서는 가장 복잡한 부분이 될 수도 있다. 따라서 별도의 프로그램이나 펑션블럭으로 만들고 메인 프로그램에서 호출해서 사용하는 형태로 만드는 것이 좋다. 본 예제는 간단한 연산식이 필요하니 펑션을 만들어서 사용하면 된다. 결과값은 연산식의 결과를 디스플레이하고 3초 후에 0으로 리셋되어야 한다.

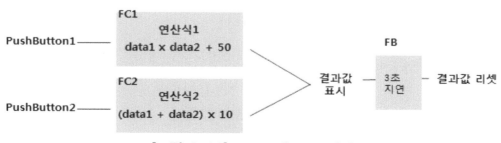

[그림 6-13] 프로그램 구조 정의

2) 프로젝트 생성과 프로그램 작성

먼저 신규 프로젝트를 생성한다. 신규 프로젝트가 생성되면 PLC 프로젝트를 추가한다. 이 과정은 앞에서 학습한 부분이므로 상세한 설명은 생략한다.

그림과 같이 필요한 로컬 변수를 선언한다. 변수를 선언할 때는 각각의 변수가 표현해야 할 데이터의 특성에 맞추어 데이터 타입을 결정한다.

프로그램 편집창에 개략적인 구조를 만들어 놓는다. 처음부터 한 줄 한 줄 모든 코딩을 다 하기보다는 전체적인 실행 구조를 만들어 놓고 상세 내용을 입력하면 계획된 알고리즘에 맞는 프로그램을 하는데 도움이 된다.

아래 그림에서는 PB1을 눌렀을 때 펑션1이 실행되고 PB2를 누르면 펑션2가 실행되도록 하는 구문을 먼저 작성했다.

```
MAIN*
  1   PROGRAM MAIN
  2   VAR
  3       bPB1 : BOOL;
  4       bPB2 : BOOL;
  5       rData1 : REAL;
  6       rData2 : REAL;
  7       rResult : REAL;
  8       fbTon1 : TON;
  9       bRun: BOOL;
 10   END_VAR
 11

  1   IF bPB1 THEN
  2       //FC1 호출
  3   ELSIF bPB2 THEN
  4       //FC2 호출
  5   END_IF
  6
  7   //타이머 가동
  8   fbTon1(IN := bRun, PT := T#3S);
  9   IF fbTon1.Q THEN
 10       rResult := 0;
 11       bRun := FALSE;
 12   END_IF
 13
```

[그림 6-14] 프로그램 편집

3) 펑션 작성

연산을 수행하는 부분은 펑션으로 만들어 보자. 본 예제는 간단한 연산식이므로 펑션을 사용하지 않아도 되지만 프로그램의 호출 구조를 실습해 보는 차원에서 펑션을 사용하고자 한다.

POU에서 Add > POU를 선택한 후 펑션을 선택한다.

본 예제에서는 첫 번째 연산식을 수행할 펑션을 fcCalc1로, 두 번째 연산식을 수행할 펑션을 fcCalc2로 생성한다. 각 펑션의 리턴 타입은 REAL로 선택한다.

[그림 6-15] 펑션 추가

각각의 펑션에 rData1과 rData2를 입력 변수로 선언해 주고 연산 내용을 입력한다.

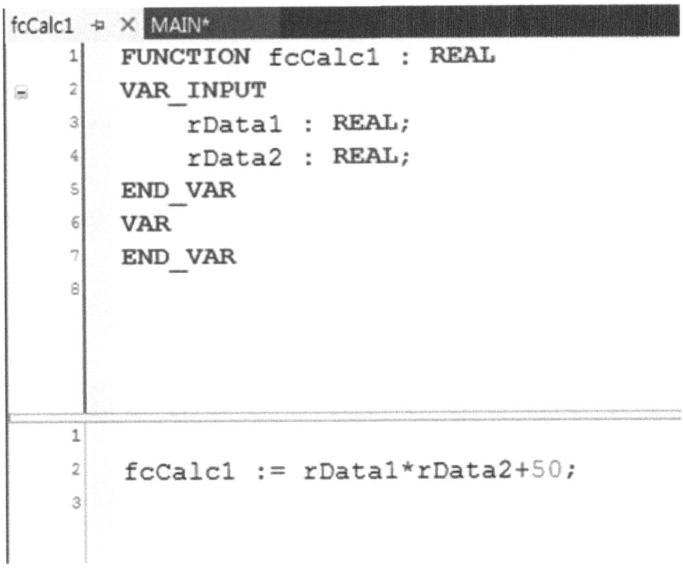

```
fcCalc1  ⊣ ×  MAIN*
1    FUNCTION fcCalc1 : REAL
2    VAR_INPUT
3        rData1 : REAL;
4        rData2 : REAL;
5    END_VAR
6    VAR
7    END_VAR
8

1
2    fcCalc1 := rData1*rData2+50;
3
```

[그림 6-16] fcCalc1 프로그램 편집

```
fcCalc2  ⊣ ×  fcCalc1        MAIN*
1    FUNCTION fcCalc2 : REAL
2    VAR_INPUT
3        rData1 : REAL;
4        rData2 : REAL;
5    END_VAR
6    VAR
7    END_VAR
8

1
2    fcCalc2 := (rData1+rData2)*10;
3
```

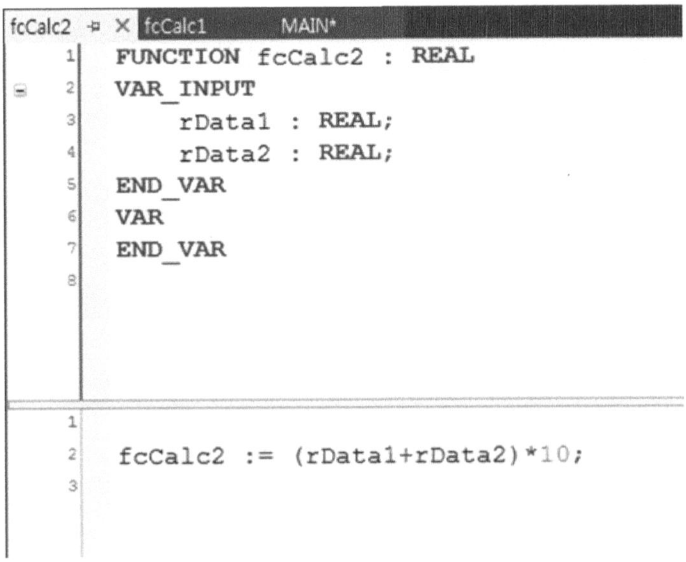

[그림 6-17] fcCalc2 프로그램 편집

4) 펑션 호출

메인 프로그램에서 각각의 펑션을 호출하는 구문을 추가하여 프로그램을 완성한다.

프로그램 편집이 끝나면 빌드를 통해 프로그램 문법을 검사하고 컴파일한다.

프로그램을 실행시켜 보면 정상적으로 동작하는 것을 확인할 수 있으나 펑션의 인자인 rData1과 rData2를 변수 입력창에서 값을 준 뒤에 결과값을 확인해야 하는 불편함이 있다. 기능적으로 동작하는 것이 문제가 없다면 비주얼라이제이션을 통해서 간편하게 값을 입력할 수 있는 사용자 인터페이스를 만들어 주면 된다.

```
MAIN*  X 도구 상자
   1   PROGRAM MAIN
   2   VAR
   3       bPB1 : BOOL;
   4       bPB2 : BOOL;
   5       rData1 : REAL;
   6       rData2 : REAL;
   7       rResult : REAL;
   8       fbTon1 : TON;
   9       bRun: BOOL;
  10   END_VAR
  11

   1   IF bPB1 THEN
   2       rResult := fcCalc1(rData1, rData2);//FC1 호출
   3       bRun := TRUE;
   4   ELSIF bPB2 THEN
   5       rResult := fcCalc2(rData1, rData2);//FC2 호출
   6       bRun := TRUE;
   7   END_IF
   8
   9   fbTon1(IN := bRun, PT := T#3S);
  10   IF fbTon1.Q THEN
  11       rResult := 0;
  12       bRun := FALSE;
  13   END_IF
  14
```

[그림 6-18] 펑션 호출

5) Visualization 추가

Visualization을 추가하기 위해서 솔루션 탐색기에서 VISU > Add > Visualization을 선택한다.

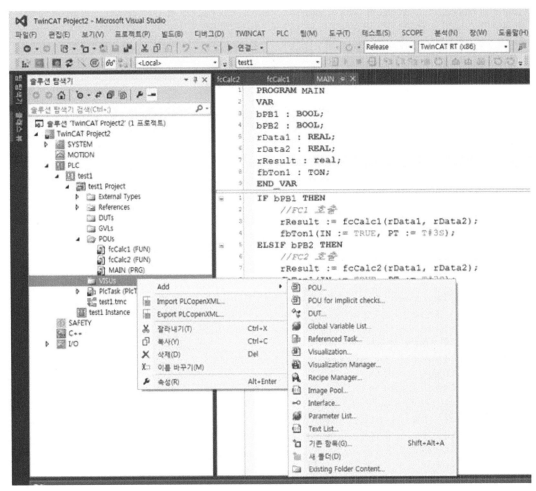

[그림 6-19] Visualization 추가

생성된 Visualization 편집 화면 위에 필요한 인터페이스 구성 요소들을 추가하고 정렬한다. 필요하다면 라벨을 사용하거나 속성에서 색깔, 글자체 등을 바꿀 수 있다.

기본적인 컴포넌트 배치 작업이 다되면 각각의 컴포넌트에 변수를 연결시켜 준다.

6) 컴포넌트 속성 수정

Data1 텍스트 박스를 선택하고 속성창에서 Text variable에서 main.rdata1을 입력하거나 선택 버튼을 클릭해서 변수를 지정해 준다. 다른 컴포넌트들에 대해서도 동일하게 작업한다.

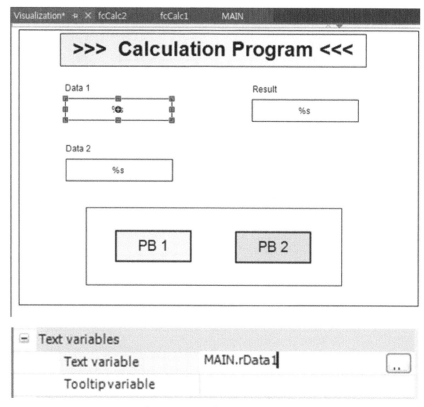

[그림 6-20] 속성 수정

데이터1과 2는 사용자의 입력이 필요한 부분이므로 OnMouseDown 이벤트를 추가해준다.
속성창의 Input configuration 항목에서 OnMouseDown > Configure를 선택한 후, Write a variable 선택 후 우측 화살표 클릭해서 동작을 추가시키고 input type에서는 text input을 선택한다.

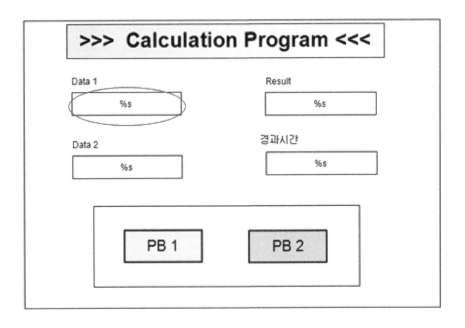

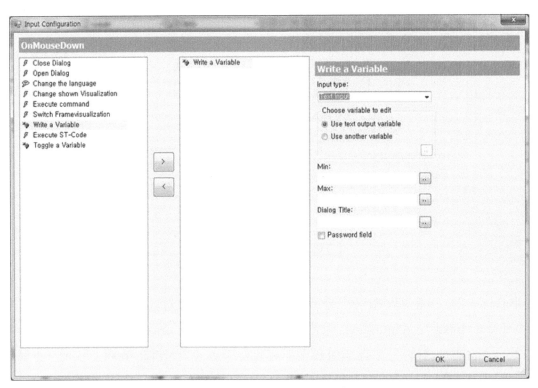

[그림 6-21] 이벤트 추가

푸시 버튼은 누를 때 상태가 변하는 버튼이므로 Input configuration에서 탭을 선택하고 variable에는 main.bPB1을 입력한다. 푸시 버튼2에 대해서도 동일하게 작업한다.

컴포넌트로 만들어져 있는 푸시 버튼에는 이와 같은 속성들이 들어가 있지만, 이렇게 사용자가 원하는 형태와 모양으로 컴포넌트를 직접 만드는 경우에는 속성을 지정해 주어야 한다.

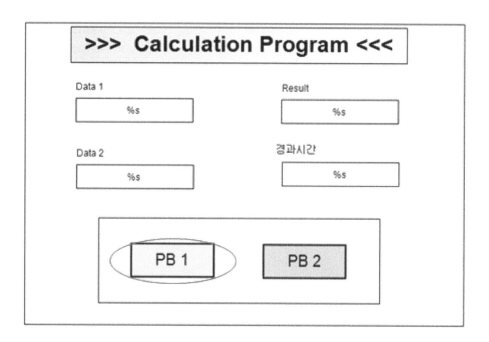

[그림 6-22] 속성 수정

7) 프로그램 실행과 수정

모든 입력 작업이 끝나면 빌드를 통해 코드상에 에러가 있는지 검사한다. 빌드 결과에 이상이 없다면 Active configuration > Restart TwinCat in run mode > login > start 순서를 통해서 프로그램을 실행시킨다.

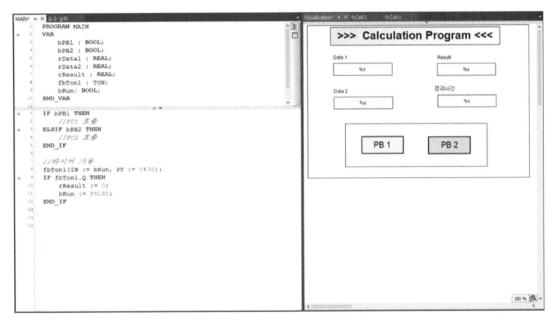

[그림 6-23] 실행과 모니터링

프로그램을 실행시키고 난 이후에 데이터의 입력과 표현에 문제가 있다면 문제를 찾아서 해결해야 한다. 이때 편집 모드로 돌아가기 위해서 logout하고 프로그램을 수정한다. 그리고 다시 login을 하면 이전에 다운로드된 프로그램과 다르다는 메시지가 나타난다.

여기서 첫 번째 옵션인 login with online change를 선택하고 OK를 클릭하면 수정된 프로그램이 반영되어 로그인된다.

[그림 6-24] 수정 절차

디지털 입출력 제어

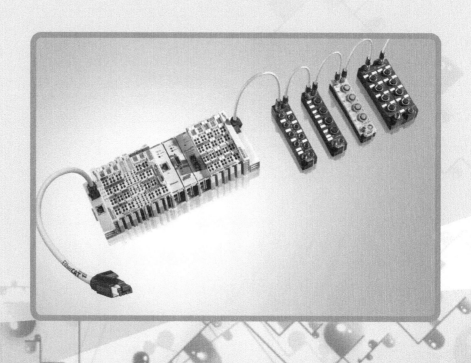

7장. 디지털 입출력 제어

1) 트윈캣 프로그램 실행

[시작] - [Beckhoff] - [TwinCAT3] 폴더 내의 TwinCAT XAE를 실행한다.

[그림 7-1] 프로그램 실행

• 프로그램 실행 시 아래와 같이 창이 활성화된다.

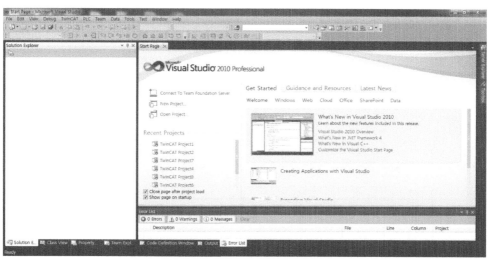

[그림 7-2] 메인 화면 구성

(1) 새 프로젝트

- 좌측 상단 메뉴에서 [File] – [New] – [Project...]를 클릭한다.

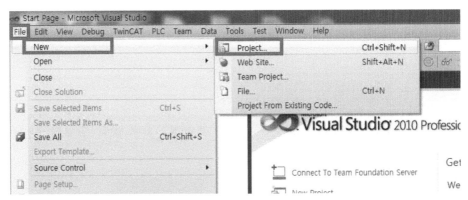

[그림 7-3] 새 프로젝트 화면

- 새 프로젝트를 생성하는 창이 나타나면 TwinCAT XAE Project를 선택하고 프로젝트 이름과 저장 위치 사용자 이름을 적고 OK를 클릭한다.

[그림 7-4] 프로젝트 저장 위치 설정

• 좌측 Solution Explorer 리스트가 나타나면 프로젝트가 생성된다.

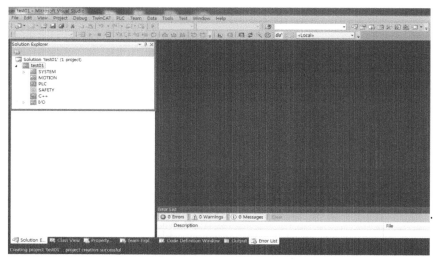

[그림 7-5] 프로젝트 생성

(2) PLC 프로젝트 생성
• 좌측 [Solution Explorer]에서 [test01] 프로젝트 내에 위치한 [PLC]를 우 클릭하여
[Add New Item...]을 클릭한다.

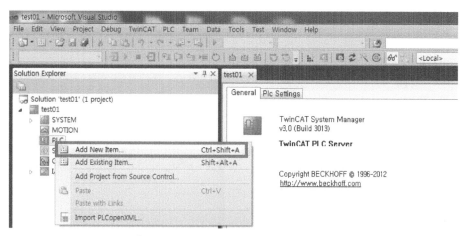

[그림 7-6] PLC 프로젝트 생성

- [Standard PLC Project]를 클릭하고 생성할 PLC 프로젝트의 이름을 영문으로 작성 후 [Add]를 클릭한다.

[그림 7-7] PLC 프로젝트 이름 작성

- PLC 프로젝트가 아래와 같이 생성된다.

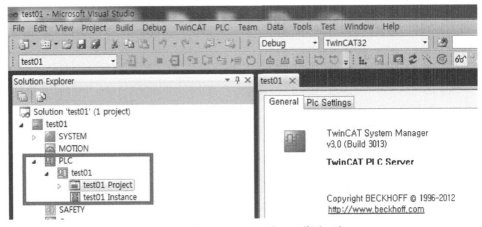

[그림 7-8] PLC 프로젝트 생성 완료

7.2 글로벌 변수 선언

[Solution Explorer] – [test01] – [PLC] – [test01] – [test01 Project] – [GVLs]를 우 클릭하여 [Add] – [Global Variable List]를 클릭한다.

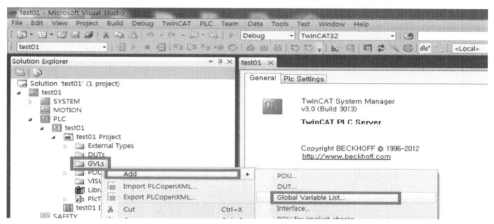

[그림 7-9] 글로벌 변수 입력

• 글로벌 변수 생성창이 나타나면 이름을 입력 후 Open을 클릭한다.

[그림 7-10] 글로벌 변수 생성

• GVLs 내에 GVLs가 생성된 것을 볼 수 있고 변수 입력창이 활성화된다.
(이곳 변수 입력창에서 글로벌 변수를 선언할 수 있다.)

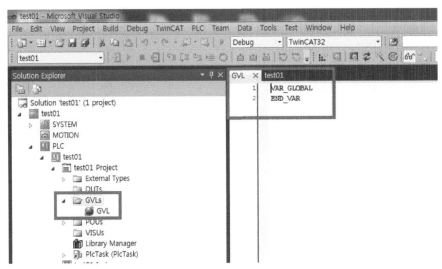

[그림 7-11] 글로벌 변수 작성

• 기본적인 입력 접점 하나를 선언한 모습이다.

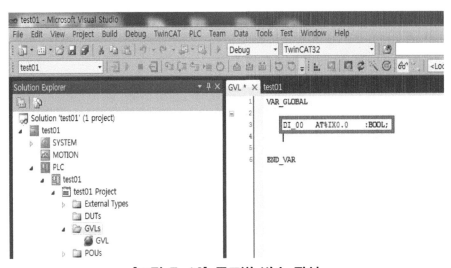

[그림 7-12] 글로벌 변수 작성

• BOOL 앞의 콜론 기호는 앞의 변수가 BOOL 단위라는 것을 선언하는 것이고 마지막
의 세미콜론은 마침표이다.

[그림 7-13] 글로벌 변수 작성

▶ 변수 : 대소문자를 구분하지 않는다. 물리적인 어드레스와 역할을 같이 표기하면 프
로그램에서 이해하기 쉽다.

▶ 할당 주소
  I : 입력, Q: 출력, M: 내부 메모리 사용 시
  X: Bit 태그, B: Byte 태그, W: Word 태그

▶ 크기 : 데이터 타입(BOOL, BYTE, WORD, DWORD, STRING, TIME)

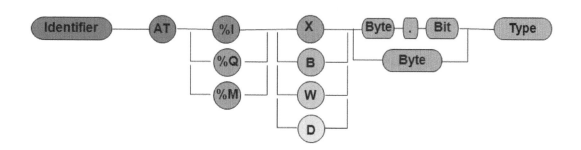

- 아래 그림은 입력 변수 8점과 출력 변수 8점을 선언한 모습이다.

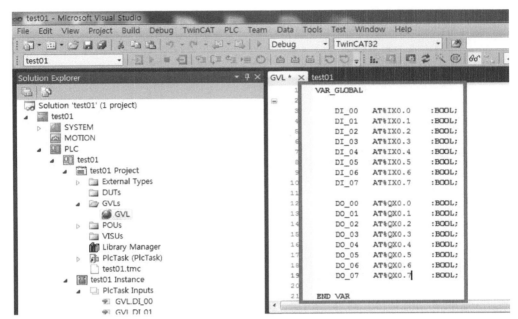

[그림 7-14] 변수 선언

- 변수를 선언하고 Build를 진행하여 변수 선언에 오류가 없는지 확인한다.

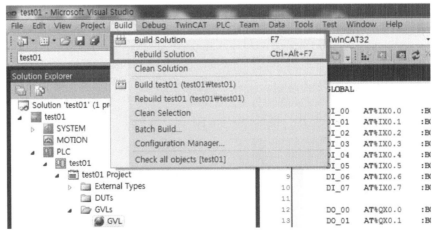

[그림 7-15] 변수 선언의 오류 확인

- 변수 선언의 오류가 없다면 Output창에

  ==== Build: 1 succeeded or up-to-date, 0 failed, 0 skipped ======

  이라는 메시지가 출력된다.

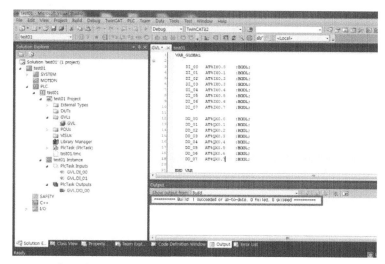

[그림 7-16] 변수 선언의 오류 메시지 유/무

- 또한, [Solution Explorer] 창에 [PLC] - [test01] - [test01 Project] - [test01 Instance]
  하위 폴더에 [PlcTask Inputs](입력)과 [PlcTask Outputs](출력)이 생성 되어있다.

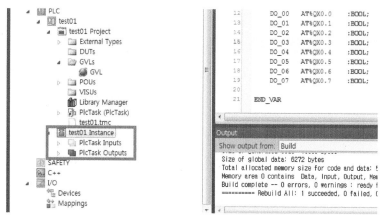

[그림 7-17] 입출력 생성

- [PlcTask Inputs](입력)과 [PlcTask Outputs](출력)을 확장시켜 보면 다음과 같이 글로벌 변수의 인스턴스를 확인할 수 있다.

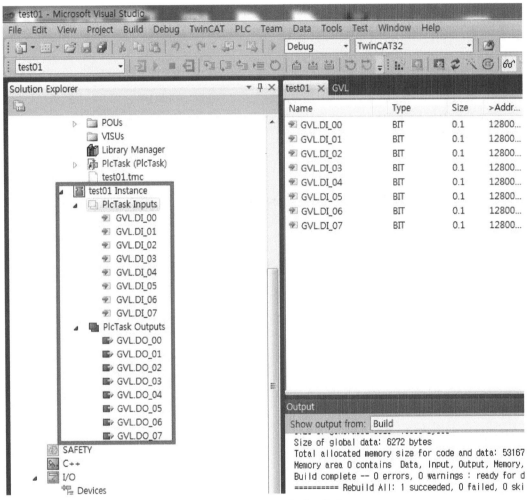

[그림 7-18] 입출력 생성

7.3 입출력 모듈 SCAN

1) 입출력 모듈 준비와 연결

① 컴퓨터의 통신포트(LAN)에서 I/O 모듈의 EtherCAT IN으로 랜선을 연결한다.

② 연결할 이더캣 모듈이 여러 개라면 I/O 모듈의 EtherCAT OUT으로부터 랜선을 또 다른 이더캣 모듈의 IN 포트로 연결한다.

③ 랜선은 모두 연결 후 I/O 모듈에 전원을 넣었을 때 각 모듈의 EtherCAT 포트의 램프 깜빡임을 확인한다.

[그림 7-19] 통신 연결

[참고]

• 위의 구성은 사용하는 PC 자체가 제어기가 되어 프로그래밍과 제어 태스크 모두를 수행하게 된다. 산업용 PC가 아닌 경우 지터 등의 문제로 인해 사용이 권장되지는 않으나 간단한 입출력 테스트와 학습의 용도로는 무방하다.

• 임베디드 PC를 사용하거나 윈도 원격 접속 방식은 별도의 문서를 참고하기 바란다.

2) 랜카드 설정

PC에서 설치된 랜카드는 이더캣 통신을 수행할 수 있도록 드라이버가 설치되어야 한다. 이더캣 통신을 위한 랜카드는 인텔 기가비트 이더넷 카드를 사용하기를 권장한다.

[참고]

인텔 칩셋이 아니더라도 사용할 수 있지만 모든 랜카드에 적용되는 것은 아니다. 사용할 수 있는 여부는 설치 화면에서 확인할 수 있다.

랜카드 설정을 위해 메인 메뉴에서 TWINCAT - Show Realtime Ethernet Compatible Devices...를 선택한다.

[그림 7-20] 랜카드 설정

TwinCAT RT-Ethernet Adapter 설치창이 열리면 설치가 가능한 랜카드의 목록이 구분되어 표시된다. Installed and ready to use device 항목에 있다면 Install 버튼을 클릭하여 설치를 진행할 수 있다.

• 아래 창이 나타나면 확인을 클릭한다.

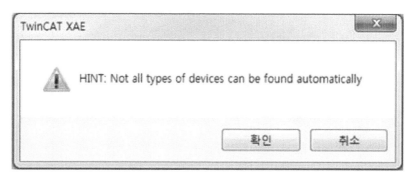

[그림 7-24] I/O 모듈 검색

• 컴퓨터에 설치되어 있는 통신 디바이스(랜카드) 목록이 나타난다. 호환 가능한 (compatible) 장치를 선택하고 OK를 클릭한다.

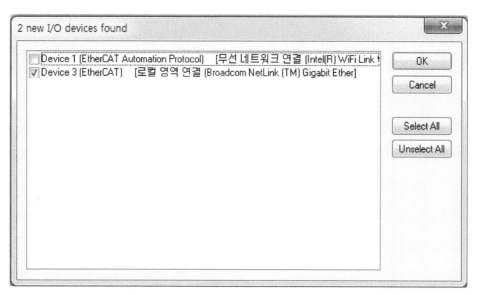

[그림 7-25] 로컬 영역 연결(유선)

• 마지막으로 스캔할 것인지 묻는 창이 나오면 예를 클릭한다.

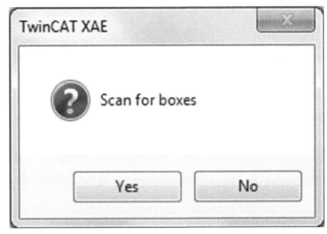

[그림 7-26] Scan for boxes

• 하드웨어 스캔 후 Free Run 모드를 실행할 것인지 요구하는 메시지가 나타나면 No
를 선택한다.
(프리런 모드는 프로그램이 없는 상태에서도 연결된 입출력 모듈을 수동으로 테스트
할 수 있는 기능을 제공한다. 메뉴을 이용해 별도로 실행시킬 수 있다.)

[그림 7-27] FREE RUN 모드 변환 메시지

스캔을 통하여 자동으로 검색된 디바이스를 살펴보자.

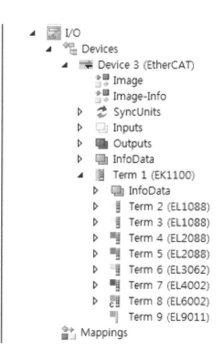

그림에서 볼 수 있는 바와 같이 Term1(EK1100)이라고 하는 터미널 아래쪽으로 여러 개의 모듈이 검색된 것을 알 수 있다. Term은 Terminal을 의미하며 노드(node)라고도 불린다.

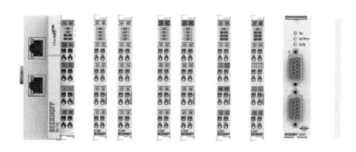

실습에 사용하는 입출력 모듈은 다음과 같은 순서로 구성되어 있다. EK1100은 벡호프 사의 이더캣 커플러이고 우측으로 디지털 입력, 디지털 출력, 아날로그 입력, 아날로그 출력, 시리얼 통신 모듈, 엔드캡 순서로 설치되어 있다.

7.4 변수 링크

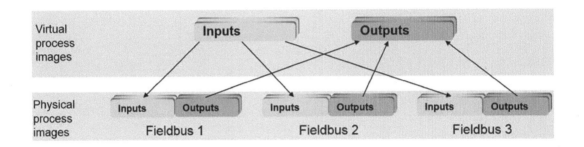

Virtual process images : TwinCAT 에서 구성되는 I/O, PLC, NC 등의 Task

Physical process images : I/O Configuration 의 I/O Devices 영역

앞에서도 설명하였지만, TwinCAT은 다양한 산업용 필드버스 통신 시스템을 지원한다. 이로 인해 다양한 통신 시스템으로부터 업데이트되는 물리적인 통신 데이터를 TwinCAT 시스템에서 관리하는 가상 프로세스 영역에 저장해야 한다. 따라서 다양한 필드버스 통신 시스템으로부터 입력되는 데이터를 TwinCAT의 가상 프로세스 영역으로 연결시키는 과정이 필요한데 이것이 링크다.

변수와 입출력 채널을 연결(링크)하는 방법은 두 가지 방법이 있다.

• 방법 1 : 입출력 채널 리스트에서 링크 메뉴를 통해 변수를 선택
• 방법 2 : 생성된 인스턴스(변수) 리스트에서 링크 메뉴를 통해 입출력 채널을 선택

어떤 방법이든 결과는 똑같으나 두 번째 방법은 멀티 링크를 통해서 한 번에 여러 개의 변수를 동시에 지정할 수 있는 장점이 있기 때문에 두 번째 방법을 사용하길 추천한다.

• 글로벌 변수 GVL.DI_00을 더블클릭하면 아래와 같이 창이 생성된다. 사용하고 싶은
I/O 모듈의 접점을 더블클릭하면 된다.

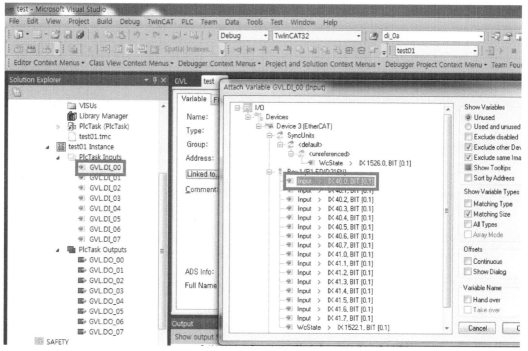

[그림 7-28] 변수 링크

• 링크된 변수는 아이콘 좌측 하단에 바로 가기 아이콘이 생성된다.

[그림 7-29] I/O 변수 링크

• 링크할 변수가 많을 경우에는 이렇게 하나씩 하는 것이 불편하므로 한 번에 여러 개의 변수를 링크시키는 방법을 사용한다.

링크시킬 변수를 키보드의 컨트롤키를 이용해서 다중 선택한 후에 마우스 우 클릭하면 나타나는 팝업 메뉴에서 Change multi link를 선택한다.

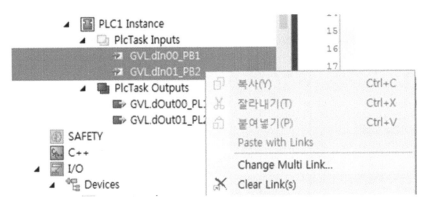

[그림 7-30] I/O 변수 멀티 링크

• 채널 선택창에서 링크시킬 채널을 다중 선택하고 OK를 클릭한다.

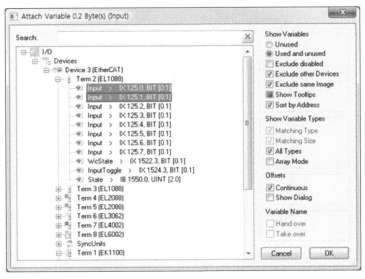

[그림 7-31] I/O 변수 멀티 링크

• 같은 방법으로 나머지 글로벌 변수를 I/O 모듈과 링크시킨다.

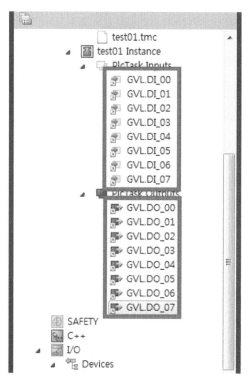

[그림 7-32] I/O 모듈 링크

• 간단한 프로그램을 작성해서 스위치와 램프의 동작을 확인하면 앞에서 시뮬레이션으로 연습한 내용과 동일하게 동작하는 것을 확인할 수 있다.

```
1   //PB1:기동, PB2:정지
2   IF dIn00_PB1 FALSE  THEN
3       dOut00_PL1 TRUE  := TRUE;
4   ELSIF dIn01_PB1 FALSE  THEN
5       dOut00_PL1 TRUE  := FALSE;
6   END_IF
7   RETURN
```

[그림 7-33] 실제 I/O 동작 확인

제**8**장

자동화 시스템 제어 실습

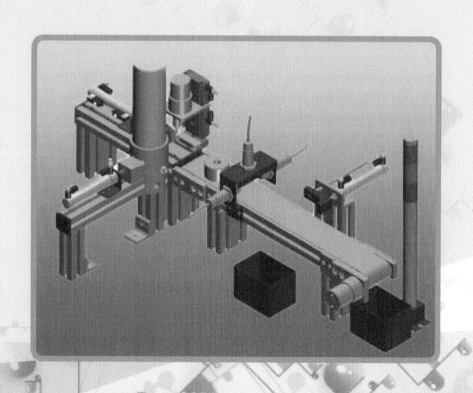

8장. 자동화 시스템 제어 실습

　생산자동화 장비는 생산자동화기능사 검정에 사용되는 국가기능검정 표준 장비이다. 원재료 공급, 드릴 가공, 실린더 이송, 컨베이어 및 센서 판별에 의한 분류 공정으로 이루어져 있으며 자동화된 생산 현장의 대표적인 공정들을 테스트할 수 있도록 구성되어 있다. 요구조건에 따라 금속과 비금속, 흑색과 청색, 홀의 가공 상태 등을 판별하여 분류할 수 있다.

　디지털 입력과 출력이 16점 이하로 구성되어 있기 때문에 기초적인 자동화 프로그래밍을 연습하고 테스트하기에 적절하므로 생산자동화 장비를 제어하기 위한 기본적인 방법과 절차를 살펴보도록 하자.

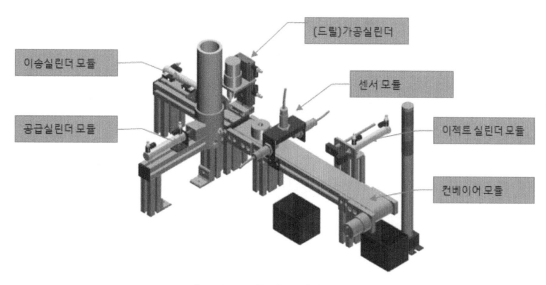

[그림 8-1] 하드웨어 구성

8.2 하드웨어 구성

1) 공급 모듈

• 단독 공정으로 제어하기에 앞서서 모듈의 역할과 구성 요소를 살펴보면, 공급 모듈은 원재료를 시스템에 공급하는 공정을 수행한다. 타워형 메거진에 원재료가 적층되어 있고 원재료의 유무를 판별하는 광센서가 설치되어 있다. 공압 실린더를 이용하여 원재료를 하나씩 밀어내는 구조이다.

• 공압 실린더에는 전진과 후진을 감지하는 리드 센서가 부착되어 있고 양솔레노이드 밸브로 제어된다.

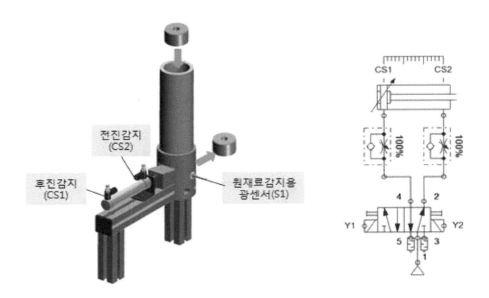

[그림 8-2] 공급 모듈과 공압회로도

• 일반적으로 실린더를 제어할 때는 시퀀스 제어 방식을 따른다. 실린더에 부착된 전진 및 후진 감지 센서를 동작 완료 신호로 인식하게 된다. 따라서 시퀀스 제어에 가장 적합한 case 문을 이용하여 프로그램을 작성하면 된다.

2) 가공 모듈

- 가공 모듈은 원재료를 드릴 가공하는 공정을 수행한다. 가공 실린더에는 드릴모터가 설치되어 있다.
- 공압 실린더에는 전진과 후진을 감지하는 리드 센서가 부착되어 있고 편솔레노이드 밸브로 제어된다.

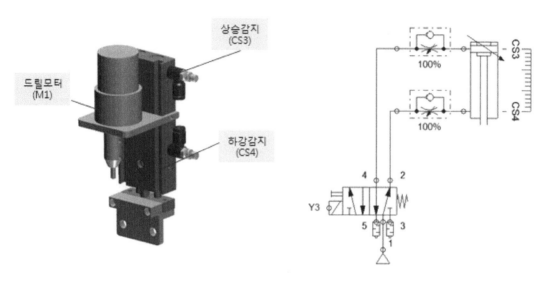

[그림 8-3] 가공 모듈과 공압회로도

- 가공 모듈의 제어는 공급 모듈 제어와 동일한 방법이다. 동작은 실린더가 하강하면서 드릴 모터가 회전하고 하강 완료 후에 자동으로 상승하는 동작이다.
- 솔레노이드나 모터와 같은 불타입의 변수는 True와 false 대신 0과 1로 ON/OFF 제어값을 줄 수 있다.

3) 이송 모듈

- 이송 모듈은 가공이 완료된 재료를 컨베이어로 이송시켜 주는 공정을 수행한다.
- 공압 실린더에는 전진과 후진을 감지하는 리드 센서가 부착되어 있고 편솔레노이드 밸브로 제어된다. 프로그램 방식은 동일하다.

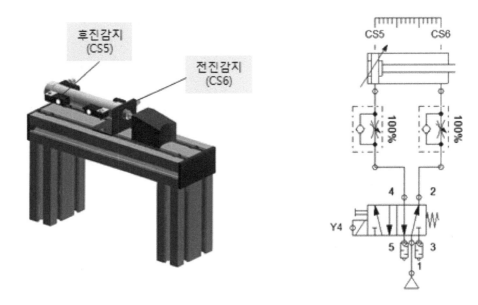

[그림 8-4] 이송 모듈과 공압회로도

- 프로그램 시 주의할 점은 공급 실린더가 전진해 있는 상태에서 이송 실린더가 전진하지 않도록 해야 한다. 반드시 공급 실린더가 후진한 후에 이송 실린더가 전진해서 충돌이 생기지 않도록 해야 한다.

4) 이젝트(푸셔) 모듈

- 이젝트 모듈은 컨베이어 상에서 센서 판별 결과에 따라 제품을 배출시켜 주는 공정을 수행한다.
- 공압 실린더에는 전진과 후진을 감지하는 리드 센서가 부착되어 있고 편솔레노이드 밸브로 제어된다.

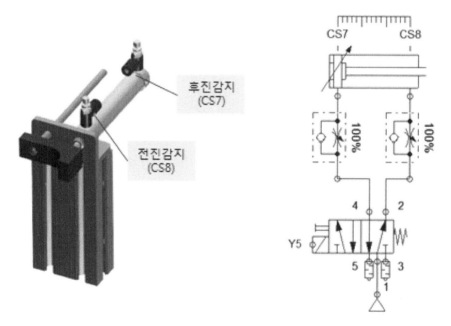

[그림 8-5] 이젝트 모듈과 공압회로도

5) 컨베이어 모듈

- 컨베이어 모듈은 제품을 이송하는 공정을 수행한다. DC 모터 구동형이며 릴레이로 제어된다. 릴레이가 ON이면 컨베이어가 회전하고 OFF이면 정지한다.
- 컨베이어 모듈에 있는 센서 모듈에는 세 가지 타입의 근접 센서가 부착되어 있다.

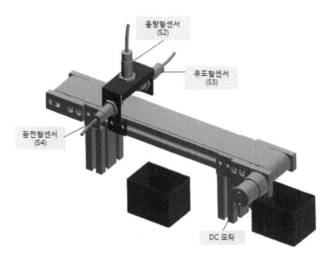

[그림 8-6] 컨베이어 시스템

6) 센서 모듈

- 세 가지 타입의 근접 센서를 이용하면 재질과 크기를 판별할 수 있다. (#1) 용량형 근접 센서는 모든 재질에 반응하기 때문에 재질의 유무를 판별하는데 사용할 수 있다.
- (#2) 유도형 센서는 금속과 비금속을 판별할 수 있고,
- (#3) 광전형 센서는 반사율에 따라 흑색과 밝은 색을 판별할 수 있다.

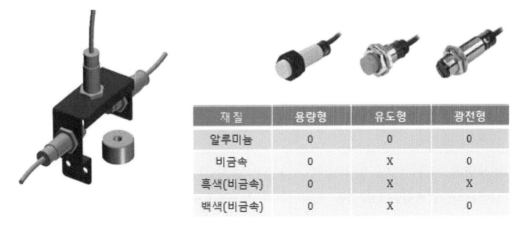

재 질	용량형	유도형	광전형
알루미늄	O	O	O
비금속	O	X	O
흑색(비금속)	O	X	X
백색(비금속)	O	X	O

[그림 8-7] 근접 센서 작업물 판별

* 입출력 심벌

Digital Input			Digital Output		
No.	Description	Symbol	No.	Description	Symbol
0	공급 실린더 후진 감지	CS1	0	공급 실린더 전진 솔밸브	Y1
1	공급 실린더 전진 감지	CS2	1	공급 실린더 후진 솔밸브	Y2
2	가공 실린더 상승 감지	CS3	2	가공 실린더 솔밸브	Y3
3	가공 실린더 하강 감지	CS4	3	이송 실린더 솔밸브	Y4
4	이송 실린더 후진 감지	CS5	4	이젝트 실린더 솔밸브	Y5
5	이송 실린더 전진 감지	CS6	5	드릴 모터	M1
6	이젝트 실린더 후진 감지	CS7	6	컨베이어 모터	M2
7	이젝트 실린더 전진 감지	CS8	7	타워 램프(녹)	TL1
8	메거진 포토 센서	S1	8	타워 램프(황)	TL2
9	용량형 근접 센서	S2	9	타워 램프(적)	TL3
10	유도형 근접 센서	S3	10		
11	광전형 근접 센서	S4	11		
12	시작 스위치	PB1	12		
13	정지 스위치	PB2	13		
14	리셋 스위치	PB3	14		
15	비상 스위치	PB4	15		

8.3 프로그래밍 준비

1) 변수 선언

- 트윈캣을 실행시키고 New project를 선택한다.
- 제어 프로그램을 위한 첫 번째 단계는 입출력 할당표에 따른 변수 선언이다.
- 실습 장비에서 사용하는 입출력수는 입력 16포인트와 출력 10포인트이다.
- PLC 프로젝트를 추가하고 글로벌배리어블 리스트를 생성한 후에 보기와 같이 변수를 입력한다.
- 변수를 입력할 때는 어드레스와 구성 요소를 이해하기 쉬운 규칙으로 작성한다.

2) 링크

- 변수 선언이 끝났다면 실제 이더캣 네트워크를 통하여 연결된 입출력 모듈과 링크시켜 준다.
- 먼저 8채널 입력 모듈을 선택하고 아래 화면에 나오는 리스트 0번에서 7까지를 선택한다. 그리고 마우스 우 클릭하면 나오는 팝업 메뉴에서
- Change multi link를 선택한다. (여러 개의 채널을 한 번에 링크시키는 방법이다.)
- 글로벌 배리어블을 선택할 수 있는 리스트에서 0번부터 7번까지를 선택하고 OK를 클릭한다.
- 두 번째 입력 모듈에 대해서도 동일한 방법으로 나머지 입력 변수를 모두 링크시켜 준다.
- 출력부도 입력부와 동일하게 작업한다. 먼저 8채널 출력 모듈을 선택하고 채널을 모두 선택한 후에 출력 변수 0번에서 7번을 선택해서 링크시킨다.
- 두 번째 출력 모듈은 8채널을 모두 사용하지 않기 때문에 남은 두 개의 변수에 대해서만 링크시키면 된다.

아래 표를 참고하여 글로벌배리어블 리스트에 변수를 선언한다.

변 수 할 당			
입 력			
명 칭	변 수	할당 주소	크 기
스위치1	SW_01	AT%IX0.0	BOOL
스위치2	SW_02	AT%IX0.1	BOOL
스위치3	SW_03	AT%IX0.2	BOOL
비상스위치	EMS	AT%IX0.3	BOOL
공급 후진 리드	CS_01	AT%IX0.4	BOOL
공급 전진 리드	CS_02	AT%IX0.5	BOOL
드릴 하강 리드	CS_03	AT%IX0.6	BOOL
드릴 상승 리드	CS_04	AT%IX0.7	BOOL
이송 후진 리드	CS_05	AT%IX1.0	BOOL
이송 전진 리드	CS_06	AT%IX1.1	BOOL
반출 후진 리드	CS_07	AT%IX1.2	BOOL
반출 전진 리드	CS_08	AT%IX1.3	BOOL
매거진 센서	S_01	AT%IX1.4	BOOL
정전용량 센서	S_02	AT%IX1.5	BOOL
근접유도 센서	S_03	AT%IX1.6	BOOL
포토 센서	S_04	AT%IX1.7	BOOL
출 력			
명 칭	변 수	할당주소	크 기
공급 전진 SOL	SOL_01	AT%QX0.0	BOOL
공급 후진 SOL	SOL_02	AT%QX0.1	BOOL
드릴 SOL	SOL_03	AT%QX0.2	BOOL
이송 SOL	SOL_04	AT%QX0.3	BOOL
반출 SOL	SOL_05	AT%QX0.4	BOOL
드릴링 모터	M_01	AT%QX0.5	BOOL
컨베이어 모터	M_02	AT%QX0.6	BOOL
적색램프	L_01	AT%QX0.7	BOOL
황색램프	L_02	AT%QX1.0	BOOL
녹색램프	L_03	AT%QX1.1	BOOL
카운터	CT	AT%QX1.2	BOOL

아래의 그림은 GVL에 작성한 내용이다.

```
 GVL  ×  test00
   1     VAR_GLOBAL
   2
   3         SW_01 AT%IX0.0   :BOOL;
   4         SW_02 AT%IX0.1   :BOOL;
   5         SW_03 AT%IX0.2   :BOOL;
   6         EMS   AT%IX0.3   :BOOL;
   7         CS_01 AT%IX0.4   :BOOL;
   8         CS_02 AT%IX0.5   :BOOL;
   9         CS_03 AT%IX0.6   :BOOL;
  10         CS_04 AT%IX0.7   :BOOL;
  11         CS_05 AT%IX1.0   :BOOL;
  12         CS_06 AT%IX1.1   :BOOL;
  13         CS_07 AT%IX1.2   :BOOL;
  14         CS_08 AT%IX1.3   :BOOL;
  15         S_01  AT%IX1.4   :BOOL;
  16         S_02  AT%IX1.5   :BOOL;
  17         S_03  AT%IX1.6   :BOOL;
  18         S_04  AT%IX1.7   :BOOL;
  19
  20         SOL_01 AT%QX0.0 :BOOL;
  21         SOL_02 AT%QX0.1 :BOOL;
  22         SOL_03 AT%QX0.2 :BOOL;
  23         SOL_04 AT%QX0.3 :BOOL;
  24         SOL_05 AT%QX0.4 :BOOL;
  25         M_01   AT%QX0.5 :BOOL;
  26         M_02   AT%QX0.6 :BOOL;
  27         L_01   AT%QX0.7 :BOOL;
  28         L_02   AT%QX1.0 :BOOL;
  29         L_03   AT%QX1.1 :BOOL;
  30         CT     AT%QX1.2 :BOOL;
  31
  32     END_VAR
```

8.4 생산자동화 장비 제어 실습

1) 오퍼레이팅 신호

(1) 입력 신호
- 오퍼레이팅 신호는 장비 제어에 있어서 가장 기본이 되는 신호이다.
- 실린더나 모터를 제어하는 시퀀스 프로그래밍에 들어가기에 앞서서 장비 조작에 대한 조건을 설정하는 것이 일반적이다.
- 오퍼레이팅 신호 중 입력 요소에는 자동/수동, 기동, 정지, 리셋, 비상 스위치 등이 있다.
- 비상 신호는 모든 신호 중에서 우선순위가 가장 높은 신호이다. 또한, 사람과 기계의 안전을 위한 신호 요소이므로 스위치류를 HMI로 대체하는 경우에도 별도로 설치하게 된다.
- 리셋 스위치는 비상 조건이나 알람 신호 등을 리셋하기 위해 사용한다.
- 자동/수동 모드 스위치는 장비를 자동 모드와 수동 모드로 나누어 운전할 수 있도록 한다.
- 기동과 정지 스위치는 각각 장비 운전의 시작과 종료 신호이다.

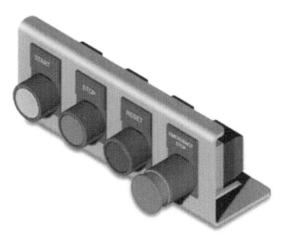

[그림 8-8] 신호 입력용 스위치

(2) 출력 신호

- 오퍼레이팅 출력 신호는 타워 램프나 파일럿 램프 등이 있다. 타워 램프는 장비의 운전상황을 색상으로 표시할 수 있고 멀리서도 잘 보일 수 있도록 장비의 상단에 설치하게 된다.
- 파일럿 램프는 장비의 상태를 나타내거나 조작자가 다음 동작을 수행할 수 있도록 가이드(유도)하는 역할을 하기도 한다. 예를 들어 비상 스위치가 눌러진 이후 원점 복귀가 필요하면 원점 복귀 스위치의 램프가 깜빡여서 조작자가 스위치를 누르라는 신호를 전달하는 것이다.

[그림 8-9] 신호 출력용 램프

(3) 비상과 리셋

- 오퍼레이팅 신호를 실제로 프로그램해 보면, 생산자동화 장비에서 사용하는 입력 신호는 시작, 정지, 리셋, 비상 스위치가 있고 출력 신호에는 타워 램프 적색, 황색, 녹색이 있다.
- 먼저 비상 신호와 리셋 신호의 조건을 설정해 보면, 비상 스위치를 한 번 누르면 비상 상황이 되고 스위치가 다시 복귀되어도 비상 상황은 그대로 유지가 되어야 한다. 리셋 스위치를 누르면 비상 상황이 해제된다.
- 타워 램프의 조건은 비상 상황일 때 적색 램프가 켜지고 비상이 해제되면 꺼지게 된다.

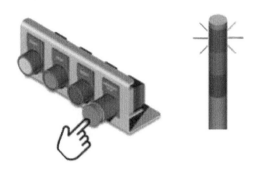

[그림 8-10] 정지 신호 전달

(4) 시작과 정지

- 시작 스위치는 장비를 기동할 때 사용하는 스위치이다. 정지 스위치는 동작 조건에 따라서 일시 정지가 될 수도 있고 사이클 수행 후 정지가 될 수도 있다.
- 동작 조건을 예로 들면, 시작 조건은 비상이 아닐 때 사용할 수 있고, 시작 스위치를 누르면 Run 신호가 ON이 되면서 녹색 램프가 켜진다.
- 정지 스위치를 누르면 Run신호가 OFF되고 5초 후에 램프가 소등된다.
  만약 장비가 기동된 상태에서 비상 스위치가 입력되면 Run신호는 OFF되어야 하고 비상해제 및 리셋 후에 다시 시작 스위치를 눌러야 시작할 수 있다.

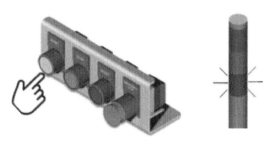

[그림 8-11] 시작 신호 전달

1 램프 제어(점등/소등)

과제

스위치1이 ON되면 적색 램프가 ON된다.
스위치2가 ON되면 황색 램프가 ON된다.
스위치3이 ON되면 녹색 램프가 ON된다.
비상 스위치를 ON하면 모든 램프는 소등된다.

```
1    PROGRAM MAIN
2    VAR
3    END_VAR
4
```

```
1    // 램프제어(점등 소등)
2    IF SW_01 THEN
3        L_01:=TRUE;
4    END_IF
5    IF SW_02 THEN
6        L_02:=TRUE;
7    END_IF
8    IF SW_03 THEN
9        L_03:=TRUE;
10   END_IF
11   IF EMS THEN
12       L_01:=L_02:=L_03:=FALSE;
13   END_IF
```

2 공급 실린더 제어

스위치1이 ON되면 공급 실린더가 전진한다.
스위치2가 ON되면 공급 실린더가 후진한다.

(1) 공급 실린더 양솔 제어(기초-1)

```
1   PROGRAM MAIN
2   VAR
3   END_VAR
4
```

```
1   //공급실린더 양솔제어(기초-1)
2   IF SW_01 THEN
3       SOL_01:=TRUE;
4       SOL_02:=FALSE;
5   END_IF
6   IF SW_02 THEN
7       SOL_02:=TRUE;
8       SOL_01:=FALSE;
9   END_IF
```

(2) 공급 실린더 양솔 제어(기초-2)

```
1    PROGRAM MAIN
2    VAR
3    END_VAR
4
```

```
1    //공급실린더 양솔제어(기초-2)
2    IF SW_01 THEN
3        SOL_01:=TRUE;
4        ELSE SOL_01:=FALSE;
5    END_IF
6    IF SW_02 THEN
7        SOL_02:=TRUE;
8        ELSE SOL_02:=FALSE;
9    END_IF
```

③ 램프 제어(타이머를 이용한 순차 제어)

과제
스위치1을 ON 시 [적색 램프 점등] - [황색 램프 점등] - [녹색 램프 점등] - [모든 램프 소등]이 1초 간격으로 연속 진행된다. 스위치2를 ON 시 리셋된다.

(1) 램프 제어 타이머를 이용한 순차 제어-1

```
 1    PROGRAM MAIN
 2    VAR
 3        R1: BOOL;
 4        T1: TON;
 5        T2: TON;
 6        T3: TON;
 7        T4: TON;
 8        R2: BOOL;
 9    END_VAR
```

```
 1    //램프제어(타이머를 이용한 순차제어-1)
 2    IF R2 THEN
 3        R1:=TRUE;
 4    END_IF
 5    IF SW_01 AND R2=0 THEN
 6        L_01:=1;
 7        R1:=TRUE;
 8        R2:=TRUE;
 9    END_IF
10    IF T4.Q THEN
11        L_01:=L_02:=L_03:=R1:=FALSE;
12    END_IF
13    T1(IN:=R1 , PT:=T#1S , Q=> , ET=> );
14    T2(IN:=L_01 , PT:=T#1S , Q=> , ET=> );
15    T3(IN:=T2.Q , PT:=T#1S , Q=> , ET=> );
16    T4(IN:=T3.Q , PT:=T#1S , Q=> , ET=> );
17    IF T1.Q THEN
18        L_01:=1;
19    END_IF
20    IF T2.Q THEN
21        L_02:=1;
22    END_IF
23    IF T3.Q THEN
24        L_03:=1;
25    END_IF
26    IF SW_02 THEN
27        R1:=R2:=L_01:=L_02:=L_03:=FALSE;
28    END_IF
```

(2) 램프 제어 타이머를 이용한 순차 제어-2

```
 1    PROGRAM MAIN
 2    VAR
 3        R1: BOOL;
 4        T1: TON;
 5        D1: INT;
 6    END_VAR
```

```
 1    //램프제어(타이머를 이용한 순차제어-2)
 2    IF SW_01 AND R1=0 THEN
 3        D1:=1;
 4        R1:=TRUE;
 5    END_IF
 6    IF T1.Q THEN
 7        D1:=D1+1;
 8        R1:=0;
 9    END_IF
10    T1(IN:=R1 , PT:=T#1S , Q=> , ET=> );
11    IF D1>0 THEN
12        R1:=TRUE;
13    END_IF
14    IF D1>4 THEN
15        D1:=1;
16    END_IF
17    CASE D1 OF
18        1:
19        L_01:=1;
20        2:
21        L_02:=1;
22        3:
23        L_03:=1;
24        4:
25        L_01:=L_02:=L_03:=0;
26    END_CASE
```

④ 공급 공정

과제

매거진에 공작물이 감지된 상태에서 스위치1을 ON 시 공급 실린더가 전·후진 동작
을 한다.

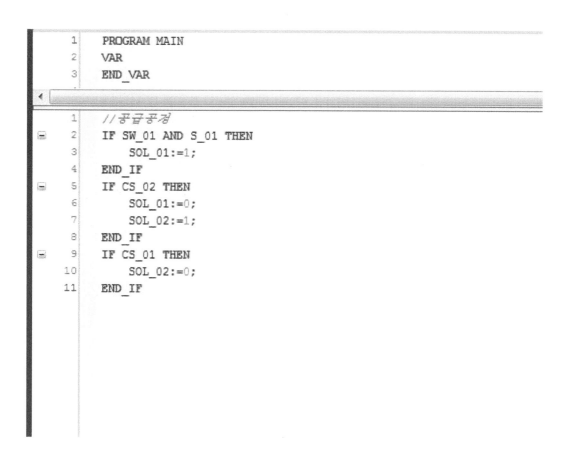

```
1   PROGRAM MAIN
2   VAR
3   END_VAR
```

```
1   //공급공정
2   IF SW_01 AND S_01 THEN
3       SOL_01:=1;
4   END_IF
5   IF CS_02 THEN
6       SOL_01:=0;
7       SOL_02:=1;
8   END_IF
9   IF CS_01 THEN
10      SOL_02:=0;
11  END_IF
```

5 가공 공정

과제

스위치1을 ON 시 드릴링 모듈이 하강을 하면서 드릴모터가 구동을 한다.
실린더가 전진 후 3초의 시간이 흐르면 모터가 정지하고 드릴링 실린더가 후진한다.

```
1    PROGRAM MAIN
2    VAR
3        T1   :TON;
4        R1   :BOOL;
5    END_VAR
6
```

```
1    // 공작물 가공 공정(드릴링 모듈)
2    IF SW_01 THEN
3        SOL_03:=1;
4        M_01:=1;
5    END_IF
6    T1(IN:=CS_03 , PT:=T#3S , Q=>R1 , ET=> );
7    IF R1 THEN
8        SOL_03:=0;
9        M_01:=0;
10       R1:=0;
11   END_IF
```

⑥ 이송 공정

과제

스위치1을 ON 시 컨베이어가 동작하고 이송 모듈이 전진하여 공작물을 컨베이어 위로 이송한다. 모터가 동작하고 7초 뒤 정지한다.

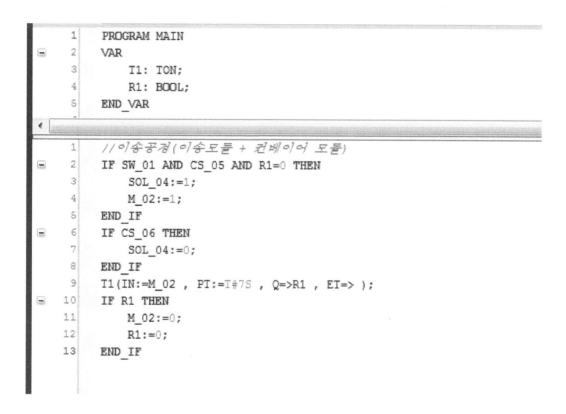

```
1    PROGRAM MAIN
2    VAR
3        T1: TON;
4        R1: BOOL;
5    END_VAR
```

```
1    //이송공정(이송모듈 + 컨베이어 모듈)
2    IF SW_01 AND CS_05 AND R1=0 THEN
3        SOL_04:=1;
4        M_02:=1;
5    END_IF
6    IF CS_06 THEN
7        SOL_04:=0;
8    END_IF
9    T1(IN:=M_02 , PT:=T#7S , Q=>R1 , ET=> );
10   IF R1 THEN
11       M_02:=0;
12       R1:=0;
13   END_IF
```

7 검사·분류 공정

과제

스위치1을 ON하면 컨베이어가 동작한다.
컨베이어가 동작하고 센서 모듈에서 금속과 비금속을 판별한다.
금속일 경우 반출 실린더가 공작물을 반출하고
비금속일 경우 컨베이어 종단으로 이송된다.

```
1    PROGRAM MAIN
2    VAR
3        R1: BOOL;
4        R2: BOOL;
5        T1: TON;
6        T2: TON;
7    END_VAR
8
```

```
1    //검사 분류공정(센서 모듈 + 반출 모듈 + 컨베이어 모듈)
2    IF SW_01 THEN
3        M_02:=1;
4    END_IF
5    IF M_02 AND S_02 THEN
6        R1:=TRUE;
7    END_IF
8    IF M_02 AND S_03 THEN
9        R2:=TRUE;
10   END_IF
11   T1(IN:=R1 , PT:=T#7S , Q=> , ET=> );
12   T2(IN:=R2 , PT:=T#2S , Q=> , ET=> );
13   IF T2.Q THEN
14       SOL_05:=1;
15   END_IF
16   IF CS_08 THEN
17       SOL_05:=R2:=0;
18   END_IF
19   IF T1.Q THEN
20       M_02:=R1:=0;
21   END_IF
```

⑧ 공급 및 가공 공정

과제

스위치1을 ON 시 공급 실린더가 전진하여 공작물을 공급한다.
이후 드릴링 실린더가 하강하여 공작물을 3초간 가공한다.

```
1   PROGRAM MAIN
2   VAR
3       R1: BOOL;
4       R2: BOOL;
5       T1: TON;
6   END_VAR
7
```

```
1   //공급 및 가공공정(공급 도룬 + 드릴링 도룬)
2   IF SW_01 THEN
3       SOL_01:=R1:=1;
4   END_IF
5   IF CS_02 AND R1 THEN
6       SOL_01:=0;
7       SOL_03:=M_01:=1;
8       R1:=0;
9   END_IF
10  T1(IN:=M_01 , PT:=T#3S , Q=> , ET=> );
11  IF T1.Q THEN
12      SOL_03:=0;
13      SOL_02:=R2:=1;
14  END_IF
15  IF R2 AND CS_02 THEN
16      SOL_02:=R2:=0;
17  END_IF
```

9 전체 공정

과제

매거진에 공작물이 감지된 상태에서 스위치1을 ON 시 공급 실린더가 전진하여 공작물을 공급하고 드릴링 실린더가 하강하면서 드릴링 모터가 동작한다. 하강 완료 후 3초 동안 공작물을 가공하고 공급 실린더와 드릴링 실린더가 후진한다. 이후 이송 실린더가 컨베이어 위로 가공된 공작물을 이송하고 컨베이어가 동작하여 금속일 경우 반출 실린더가 공작물을 반출하고 비금속일 경우 컨베이어 종단으로 이송된다.

```
1   PROGRAM MAIN
2   VAR
3       D1: INT;
4       T1: TON;
5       R2: BOOL;
6       T2: TON;
7       R3: BOOL;
8       T3: TON;
9   END_VAR
10
```

```
1   //공급+가공+컨베이어로 이송(금속 분류 / 비금속 종단)
2   IF SW_01 AND S_01 THEN
3       D1:=1;
4   END_IF
5   CASE D1 OF
6       1:
7       SOL_01:=TRUE;
8       IF CS_02 THEN
9           D1:=2;
10      END_IF
11      2:
12      SOL_03:=M_01:=TRUE;
13      IF T1.Q THEN
14          D1:=3;
15      END_IF
```

```
16    3:
17    SOL_01:=SOL_03:=M_01:=FALSE;
18    SOL_02:=TRUE;
19    IF CS_01 AND CS_04 THEN
20        D1:=4;
21    END_IF
22    4:
23    SOL_04:=TRUE;
24    IF CS_06 THEN
25        D1:=5;
26    END_IF
27    5:
28    SOL_04:=FALSE;
29    IF CS_05 THEN
30        D1:=6;
31    END_IF
32    6:
33    M_02:=TRUE;
34    IF S_02 THEN
35        R2:=TRUE;
36    END_IF
37    IF S_03 THEN
38        R3:=TRUE;
39    END_IF
40    IF T2.Q THEN
41        R2:=R3:=SOL_05:=FALSE;
42        D1:=0;
```

제 **9** 장

아날로그 입출력 제어

9.1 아날로그 제어 기초

9.2 아날로그 제어 응용

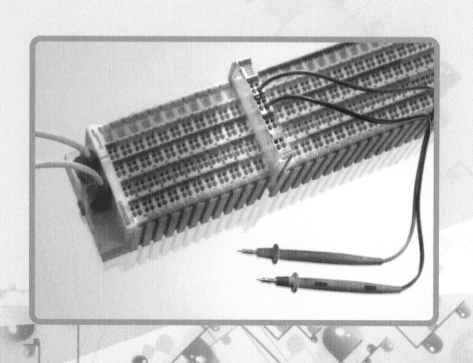

9장. 아날로그 입출력 제어

9.1 아날로그 제어 기초

디지털 제어는 ON과 OFF로 표현했다면, 아날로그 제어는 ON과 OFF로 나타낼 수 없는 연속적인 값으로 표현한다. 온도, 압력, 유량과 같은 물리량은 컴퓨터가 인식할 수 있는 수 체계로 변환되어 입력과 출력이 이루어지게 된다. 제어 대상을 아날로그 입력 요소와 아날로그 출력 요소로 나누어 볼 수 있다.

아날로그 입력 요소에는 온도 센서, 압력 센서, 유량 센서 등과 같은 아날로그 센서와 가변저항과 같은 포텐쇼미터가 있다. 이들은 대부분 0~10V의 전압이나 4~20mA의 전류로 신호를 전달한다.

아날로그 출력 요소에는 비례 밸브, 모터 제어 인버터, 온도 제어기 등이 있으며 출력의 범위도 입력과 동일하게 사용한다.

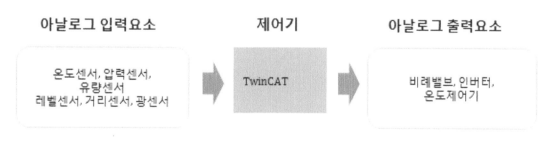

[그림 9-1]

1) 아날로그 모듈 정보

(1) 입력 모듈

테스트에 사용할 입력 모듈 EL3062는 2채널 12비트형의 아날로그 입력 모듈이다. 2채널이라고 하는 것은 두 개의 아날로그 센서의 입력을 받을 수 있다는 것이고, 12비트형은 resolution으로써 얼마나 미세한 범위까지 디지털로 변환할 수 있는가를 나타내는 사양이다.

공장자동화 분야에서 사용하는 일반적인 아날로그 입력의 범위는 0~10V, 4~20mA를 사용한다. EL3062는 0~10V 입력 타입이다.

(2) 출력 모듈

출력 모듈 EL4002는 2채널 12비트형의 아날로그 출력 모듈이다. 출력의 범위는 0~10V 이다.

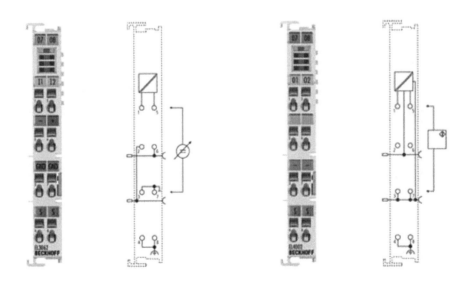

[그림 9-2] 입력 모듈 / 출력 모듈

2) 변수 선언과 링크

디지털 입출력과 마찬가지로 아날로그 입출력 모듈을 사용하기 위해서 변수 선언과 링크작업을 해야 한다.

먼저 글로벌 배리어블 리스트를 열고 그림과 같이 변수를 선언한다. 이때 byte 단위를 나타내는 B를 사용하여 입력은 IB, 출력은 QB로 표기하고 데이터 타입은 각각 word로 지정한다.

```
aIn00 AT%IB10 : WORD;
aOut00 AT%QB10 : WORD;
```

[그림 9-3] 아날로그용 변수 선언

아날로그 입력 모듈인 EL3062(터미널 6)를 확장시켜서 AI Standard channel 1을 확장한 후에 value를 선택하고 마우스 오른쪽 버튼을 클릭하여 change link를 선택한다.

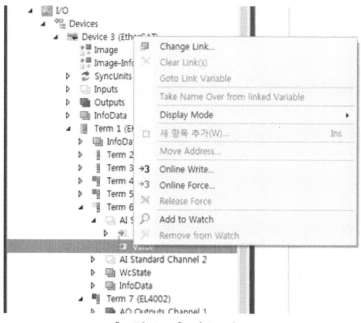

[그림 9-4] 변수 링크

변수 링크창에서 글로벌 배리어블 리스트에 등록한 ain00이라는 변수를 선택하고 OK
버튼을 클릭한다.

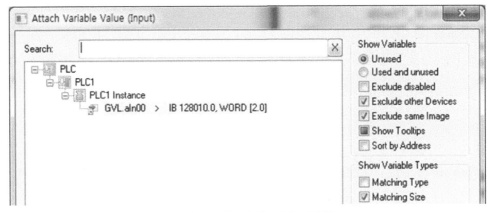

[그림 9-5] 입력 변수 선택

아날로그 출력도 동일한 방법으로 작업한다. 아날로그 출력 모듈인 EL4002를 확장시켜
서 analog output을 선택하고 마우스 오른쪽 버튼 클릭하여 change link를 선택한다.

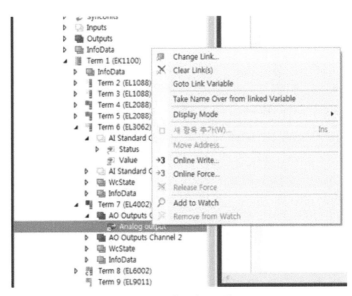

[그림 9-6] 변수 링크

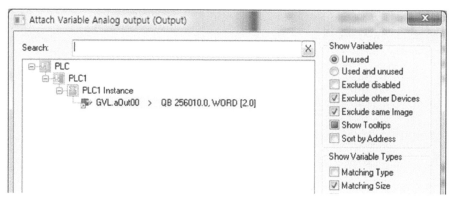

[그림 9-7] 출력 변수 선택

아날로그 입력 채널 1에 연결된 가변 저항 입력을 아날로그 출력 채널 1로 출력시키는 간단한 동작을 프로그래밍하여 입출력을 테스트할 수 있다.

온라인 상태에서 모니터링해 보면 현재 입력되고 출력되는 값을 그대로 확인할 수 있다.

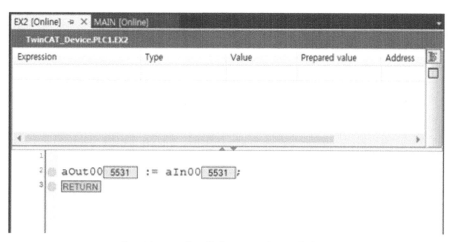

[그림 9-8] 아날로그 값 모니터링

9.2 아날로그 제어 응용

9.2.1 수위 모니터링(아날로그 입력)

수위를 측정하는 방법은 여러 가지가 있겠지만 그중의 한 가지 방법은 초음파 센서를 사용하는 방법이 있다. 초음파 센서는 비접촉식으로 초음파를 발생시켜 복귀되는 음파를 검출하여 전압으로 변환하는 방식의 센서이다. 산업용 아날로그 초음파 센서는 정밀도와 감지 거리에 따라 스펙과 가격이 달라지는데 출력의 형태는 0~10V의 전압, 4~20mA의 전류 형태가 일반적이다.

[그림 9-9] 초음파 센서를 이용한 수위 측정

아날로그 입력 채널을 통해서 입력되는 0~10V의 아날로그 값은 아날로그 입력 모듈의 레졸루션에 따라 디지털 값으로 변환되고 컴퓨터에서는 0~32767의 범위로 환산된다. 이것을 우리가 원하는 거리값으로 다시 변환하기 위해서 스케일링 계산식을 사용한다. 이 작업은 평션을 만들어 사용하도록 한다. 평션에서 사용할 계산식은 0~10V의 범위에서 0~20m로 대응되는 1차 방정식으로 표현할 수 있다.

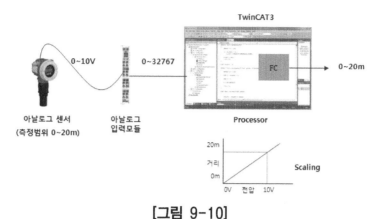

[그림 9-10]

1) 펑션 작성

POUs에서 마우스 오른쪽 버튼 클릭하여 Add > POU를 선택하고 FC_AIN이라는 이름
으로 펑션을 만든다. 타입은 실수를 계산할 수 있는 LREAL로 지정한다.

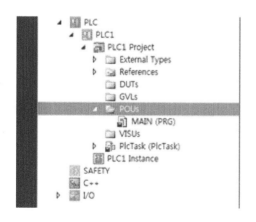

[그림 9-11]

2) 프로그램 작성

입력 변수 Ain은 실제 아날로그 입력 채널을 통해서 들어오는 아날로그 값이다. Ain은 워드 타입이기 때문에 먼저 Word_to_Lreal이라는 변환 함수를 이용하여 LAin에 임시로 저장한다. 변환식은 최종적으로 FC_AIN에 저장되어 펑션의 반환값이 된다.

```
FC_AIN  ⊕ ×  Visualization      EX2        MAIN
    1    FUNCTION FC_AIN : LREAL
    2    VAR_INPUT
    3        Ain : WORD;
    4    END_VAR
    5    VAR
    6        LAin: LREAL;
    7    END_VAR
    8

    1
    2    LAin:=WORD_TO_LREAL(Ain); //타입변환 후 LAin에 저장
    3
    4    FC_AIN:=(LAin*20)/32767;   //변환
    5
```

아날로그 입력 변환용 펑션을 사용하는 프로그램에서는 Visualization에서 사용하기 위한 vLevel이라는 변수를 로컬 변수로 선언한다.

펑션 FC_AIN에 실제 아날로그 입력 채널 1번의 글로벌 배리어블인 ain00을 입력값으로 지정해서 입력 채널의 값을 거리값으로 환산하여 vLevel에 저장하게 된다.

FC_AIN	Visualization	EX2*	X	MAIN
1	PROGRAM EX2			
2	VAR			
3	vLevel: LREAL;			
4	END_VAR			
5				
1	(*센서에서 입력되는 값을			
2	펑션변환후 HMI 디스플레이*)			
3				
4	vLevel:= FC_AIN(aIn00);			

3) Visualization 작성

비주얼라이제이션에서는 measurement controls에서 meter 컴포넌트를 추가하고 속성을 변경하여 그림과 같이 만든다. 최솟값은 0이고 최댓값은 20m 이다.

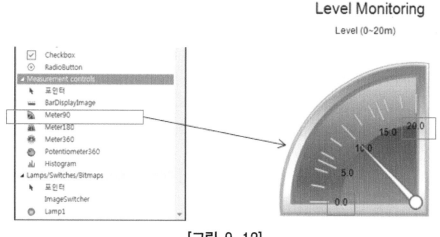

[그림 9-12]

Visualization 편집창에서 미터를 선택하고 오른쪽 속성창에서 value는 프로그램에서 생성했던 vLevel 변수를 연결한다.

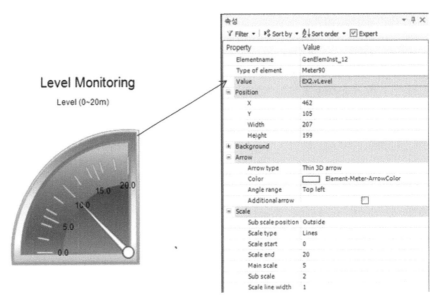

[그림 9-13]

9.2.2 3상 모터 속도 제어(아날로그 출력)

아날로그 출력 제어의 예로써 AC 3상 모터와 연결된 인버터를 제어해서 모터의 속도를 0~100%로 가변 조정하는 사례를 살펴보자.

일반적으로 AC 유도 전동기의 속도 제어에는 인버터를 사용한다. 인버터 컨트롤 패널을 이용해서 수동으로 속도를 조절할 수 있지만 상위 제어기에서 출력되는 0~10V의 가변전압을 이용해서 동일하게 속도를 제어할 수 있다. 디지털 신호로 제어하는 다단 제어 기능은 특정 주파수로 맞추어져 있는 반면 아날로그 제어 기능은 무단으로 제어할 수 있는 장점이 있다.

[그림 9-14]

트윈캣에서 3상 모터의 속도를 제어하기 위해서 프로그램이나 Visualization에서 원하는 속도를 0~100%로 입력하면 평선을 통해서 0~32767의 범위로 환산된다. 이렇게 하면 실제로 아날로그 출력 모듈을 통해서 0~10V의 가변 전압이 출력되고 인버터에서는 가변 전압에 대응하여 모터제어 전압을 조정하게 된다.

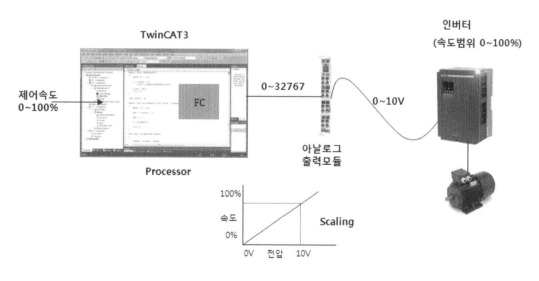

[그림 9-15]

1) 펑션 작성

아날로그 입력과 마찬가지로 아날로그 출력도 수치 변환을 위한 펑션을 만들어서 사용하도록 한다.

POUs에서 마우스 오른쪽 버튼 클릭하여 Add > POU를 선택한다. FC_AOUT이라는 이름으로 펑션을 추가하고 데이터 타입은 워드로 지정한다.

[그림 9-16]

2) 프로그램 작성

입력 변수 AOUT은 사용자가 제어할 수치이므로 LREAL 타입이다. 그리고 LREAL 데이터 임시 저장을 위한 LAOUT이라는 로컬 변수를 하나 선언한다.

프로그램에서 먼저 0~100%에 해당하는 값을 0~32767로 스케일링 하는 연산을 하고 결과를 LAOUT에 임시로 저장한다. 아날로그 출력으로 내보낼 값은 워드 타입이어야 하므로 LAOUT을 LREAL_TO_WORD 변환 함수를 이용해서 워드로 변환하고 FC_AOUT에 저장한다.

```
FC_AOUT*  ⊕ ✕ Visualization      EX2*        MAIN
     1    FUNCTION FC_AOUT : WORD
     2    VAR_INPUT
     3        AOUT: LREAL;
     4    END_VAR
     5    VAR
     6        LAOUT: LREAL;
     7    END_VAR
     8

     1
     2    LAOUT:=(AOUT*32767)/100; //LAOUT에 임시저장
     3
     4    FC_AOUT := LREAL_TO_WORD(LAOUT); //타입변환
     5
```

프로그램에서 FC_AOUT 펑션을 호출하고 입력값으로 vAout을 입력했는데 이 변수는 visualization에서 사용자가 조정하는 값이다.

그리고 FC_AOUT 펑션의 결과값이 aOut00을 통해 실제 아날로그 출력 모듈을 통해서 출력된다.

결국, 이렇게 하면 visualization 화면에서 사용자가 0~100%로 조정하는 것에 대응하여 0~10V의 전압이 출력되게 된다.

```
FC_AOUT*      Visualization      EX2*  ⊕ ✕ MAIN
      1    PROGRAM EX2
      2    VAR
      3        vLevel: LREAL;
      4        vAOUT: LREAL;
      5    END_VAR

      1    (*센서에서 입력되는 값을
      2        펑션변환후 HMI 디스플레이*)
      3
      4    vLevel:= FC_AIN(aIn00);
      5
      6
      7    (*visualization에서 입력되는 값을
      8        펑션변환후 아날로그채널에 출력*)
      9
     10    aOut00:= FC_AOUT(vAOUT);
     11
```

3) Visualization 작성

아날로그 출력을 위한 visualization을 작성해 보자.

먼저 도구 상자의 measurement controls에서 포텐쇼미터를 추가하고 라벨 등을 추가하여 그림과 같이 디자인한다.

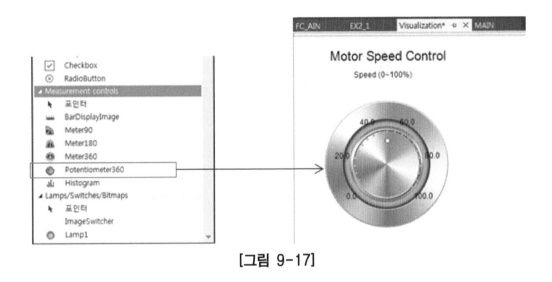

[그림 9-17]

포텐쇼미터 컴포넌트를 선택하고 우측의 속성창에서 text variable 항목에 프로그램에서 선언했던 변수 vAout을 연결한다.

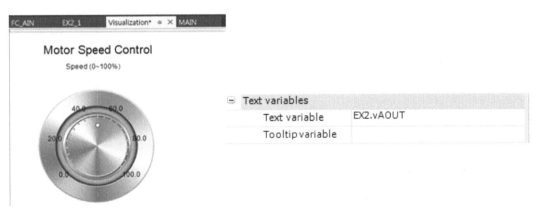

[그림 9-18]

9.2.3 실행과 모니터링

아날로그 입력과 출력을 위한 프로그램이 모두 끝났다. 이제 프로그램을 빌드하고 로그인 > 런 시키면 visualization에서 다이얼을 돌릴 때 아날로그 출력값이 가변되어 모터의 속도가 가변되고, 아날로그 센서를 통해 입력되는 가변 전압값은 레벨 모니터링을 통해 확인할 수 있다.

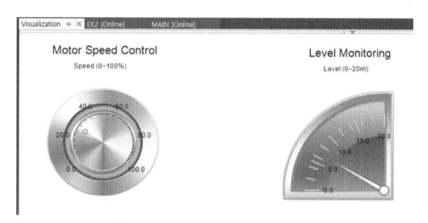

[그림 9-19]

메인 프로그램에서 변수를 모니터링을 해보면 visualization에서 입력한 값이 평션을 통해서 환산되는 것을 볼 수 있다.

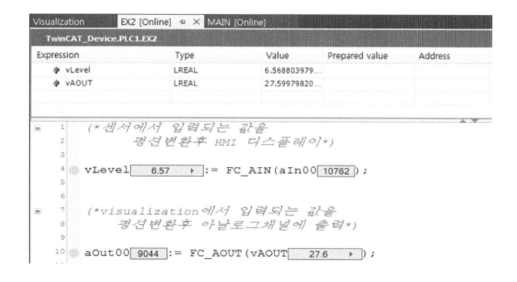

AC 서보 모터 제어

10장. AC 서보 모터 제어

　모터의 종류에는 일반적으로 DC, AC, Stepper, AC Servo 모터가 있다. 이와 같은 모터를 제어하기 위해서 별도의 드라이브를 사용하는데 이더캣 터미널을 이용하면 바로 연결하고 제어가 가능하다. EL7200 AC 서보 모터 터미널은 276와트까지의 AC 서보 모터를 직접 연결할 수 있다. AC 서보 모터는 다이나믹한 동작 특성이 있는 태스크에 적합하다.

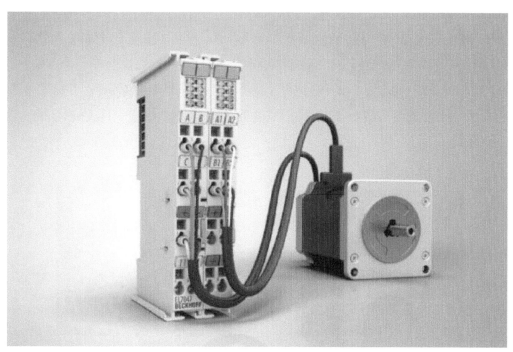

[그림 10-1] 서보 드라이버와 서보 모터

　스텝퍼 모터 터미널은 24V 1.5A에서 50V 5A에 이르는 넓은 범위의 스텝퍼 모터를 직접 연결할 수 있다. 또 벡터 컨트롤 기능을 이용해서 에너지 효율을 높일 수 있다. 일반적으로 스테퍼 모터는 낮은 동작 특성에 적합하고 피드백 센서가 없는 위치 제어에 사용한다. 동일한 방식으로 AC나 DC 모터도 이더캣 터미널에 바로 접속이 가능하다.

　트윈캣에서는 모션 컨트롤을 위한 환경 설정과 프로그래밍 인터페이스를 제공하고 있다.

10.1 AC 서보 모터 하드웨어 구성

10.1.1 AC 서보 모터 제어의 개요

1) 모션 제어

자동화 시스템의 구성 요소 중 서보 모터는 모터 기술의 발전으로 정밀도가 증대됨에 따라 그 중요성이 높아지고 있다. 과거에는 기계 시스템에서 큰 힘이 필요하거나 직선 운동이 필요한 경우에 공압과 유압 시스템을 이용하였지만 최근에는 서보 모터로 대체되는 부분이 많아지고 있다. 특히 고속, 정밀 NC기술은 고성능의 PC 기반 기술과 더불어 함께 발전해 왔으며 이더캣이라고 하는 산업용 네트워크 기술과의 융합을 통해서 모션 제어 분야의 발전에 박차를 가하고 있다. 이더캣의 장점인 고속성과 정밀성을 가장 잘 나타낼 수 있는 분야가 모션 제어 분야이다. 현재 수많은 모션 제어 관련 메이커에서 이더캣을 접목한 제품들을 출시하고 있다.

[그림 10-2] 모션 제어

2) 트윈캣 모션 제어

트윈캣 시스템에서 모션 제어의 성능과 범위를 구분할 때 NC PTP, NC I, CNC 등으로 구분하는데, NC PTP는 한 모터 축의 제어를 수행하는 numerical control for Point to Point를 의미하고 NC I는 두 축 이상의 보간 제어를 수행하는 numerical control for Interpolation을 의미한다. NC PTP는 한 CPU에서 최대 255축의 모터를 제어할 수 있는 기능을 제공한다.

트윈캣 모션 제어는 TwinCAT PLC와 동일한 프로그램을 사용하고 모션 라이브러리를 추가함으로써 표준화된 모션 제어용 펑션블럭과 코드를 사용할 수 있다.

TwinCAT 3 | TwinCAT Base	
TC1000 | TC3 ADS	TwinCAT 3 ADS
TC1100 | TC3 I/O	TwinCAT 3 I/O
TC1200 | TC3 PLC	TwinCAT 3 PLC
TC1210 | TC3 PLC/C++	TwinCAT 3 PLC and C++
TC1220 | TC3 PLC/C++/Matlab®/Simulink®	TwinCAT 3 PLC, C++ and modules generated in Matlab®/Simulink®
TC1250 | TC3 PLC/NC PTP 10	TwinCAT 3 PLC and NC PTP 10
TC1260 | TC3 PLC/NC PTP 10/NC I	TwinCAT 3 PLC, NC PTP 10 and NC I
TC1270 | TC3 PLC/NC PTP 10/NC I/CNC	TwinCAT 3 PLC, NC PTP 10, NC I and CNC
TC1300 | TC3 C++	TwinCAT 3 C++
TC1320 | TC3 C++/Matlab®/Simulink®	TwinCAT 3 C++ and modules generated in Matlab®/Simulink®

[그림 10-3] 트윈캣 구분

3) 모션 제어 시스템 구성 요소

모션 제어 시스템은 컨트롤러, 드라이브, 모터로 구성된다. 서보 시스템이 구성되기 위해서 일반적으로 엔코더가 부착되어 있는 서보 모터를 사용한다.

국내에서도 많은 하드웨어 업체들이 이더캣이 지원되는 서보 드라이버를 출시하고 있기 때문에 시중에서 쉽게 구매할 수 있다.

Controller   Drive(Amplifier)   Motor+Encoder

[그림 10-4] 모션 제어 구성 요소

10.1.2 트윈캣 모션 제어 절차

1) 신규 프로젝트에서 I/O 스캔

신규 프로젝트로 진행하는 경우에는 기존에 I/O 모듈을 스캔하던 것과 동일한 절차를 따르면 된다.

• I/O의 디바이스 항목에서 스캔을 수행한다.

[그림 10-5] 하드웨어 스캔

• 이더캣 드라이브가 추가되었다는 메시지가 나타난다. 예를 클릭한다.

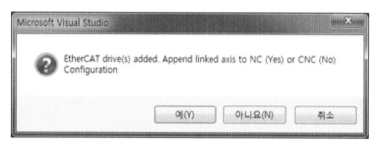

[그림 10-6] 모션 추가

• 트윈캣 프로젝트의 모션 항목에 NC task가 자동으로 추가된다.

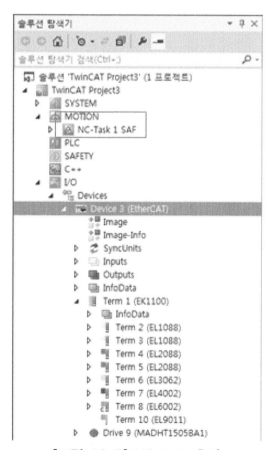

[그림 10-7] NC task 추가

2) 기존 프로젝트에 드라이브 추가

기존에 생성된 프로젝트에 드라이브를 추가로 설치하는 경우에는 먼저 스캔을 통해서 하드웨어를 자동으로 검색한다.

I/O 디바이스에서 마우스 오른쪽 버튼 클릭하여 스캔을 수행한다.

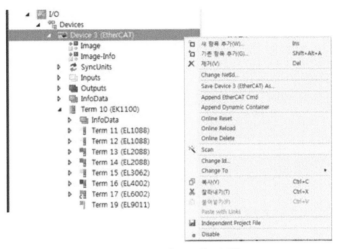

[그림 10-8] 스캔 수행

새로운 디바이스가 검색되면 이전의 구성을 확인하는 창이 나타난다. 좌측 창에 검색된 드라이브를 copy 버튼을 클릭해서 구성을 업데이트한다.

[그림 10-9] 컨피규레이션 체크

이제 I/O 디바이스에 등록된 것을 확인할 수 있다.

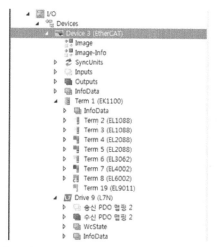

[그림 10-10] 모션 드라이버 추가

그다음은 트윈캣 프로젝트에 모션 태스크를 추가하는 작업이다.

트윈캣 프로젝트의 모션 항목에서 새 항목 추가를 선택하고 NC/PTP NCI configuration
을 선택 후 OK를 클릭한다. 모션 항목에 NC task가 추가된 것을 확인할 수 있다

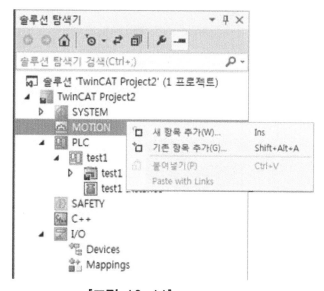

[그림 10-11]

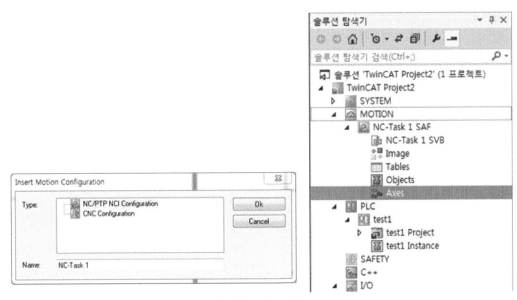

[그림 10-12]

추가된 NC task의 axes 항목에서 마우스 오른쪽 버튼 클릭하여 새 항목 추가를 선택하면 축을 삽입할 수 있는 창이 나타난다.

[그림 10-13]

축의 타입은 continuous axis인데 기본값으로 두고 OK 버튼을 클릭한다.

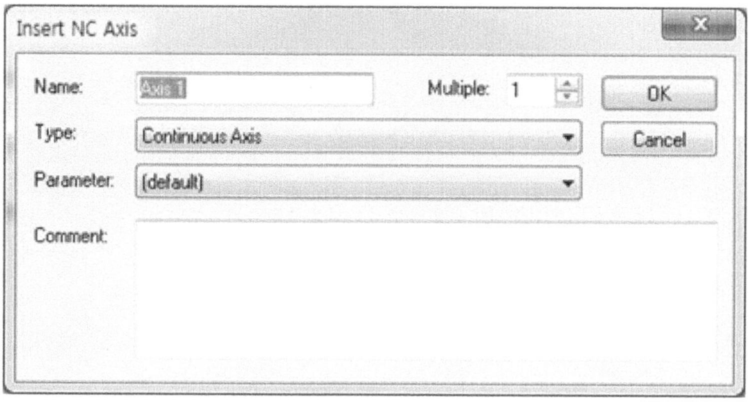

[그림 10-14]

이제 태스크에 생성한 축을 실제로 연결된 드라이브와 연결하는 순서이다.

생성된 Axis 1을 더블클릭하면 축의 설정 정보들이 나타난다. 세팅 탭을 클릭하고 Link to I/O를 클릭하면 앞에서 스캔했던 드라이브를 선택할 수 있다.

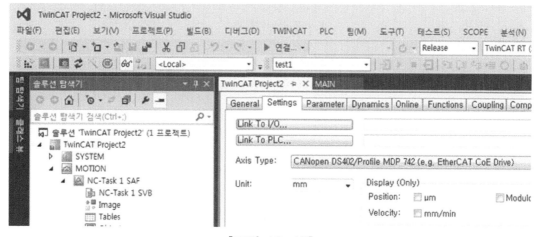

[그림 10-15]

타입은 EtherCAT CoE를 선택한다. CoE는 CANopen Over EtherCAT의 약자로 이더캣을 통해서 CANOpen 디바이스의 각종 프로파일을 송수신하는 방식이다.

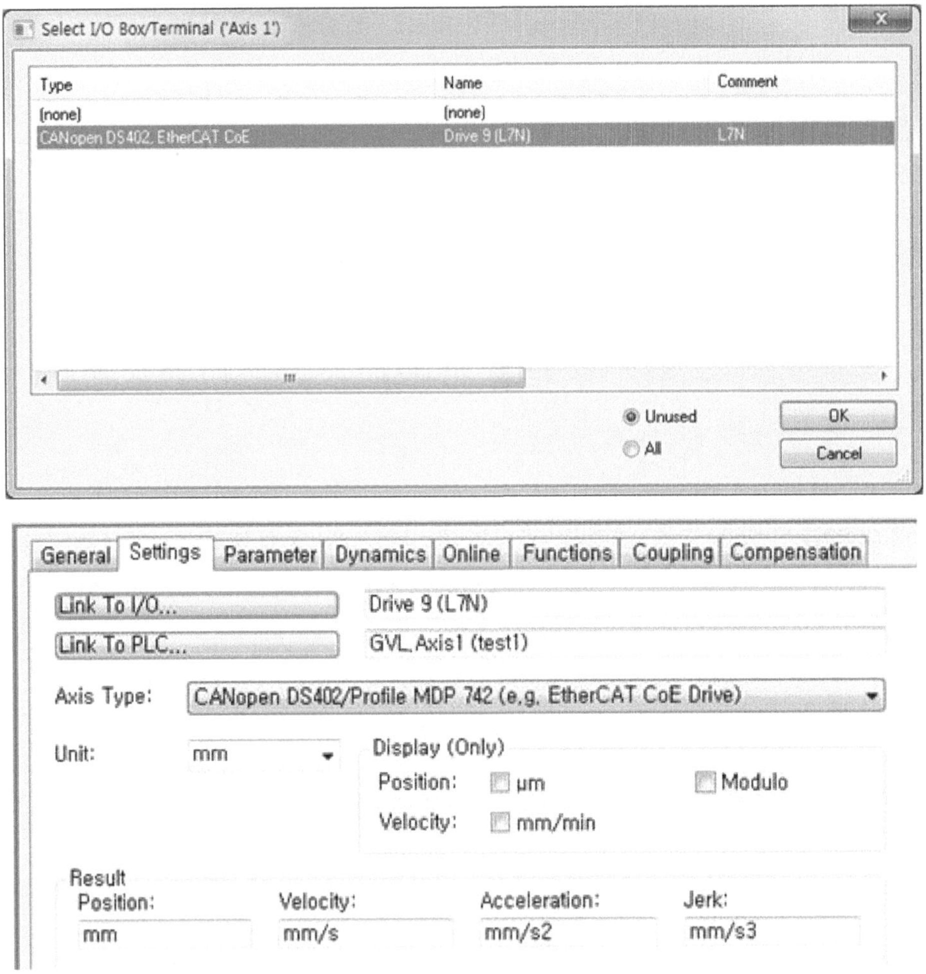

[그림 10-16]

신규로 프로젝트를 생성했거나 기존 프로젝트에 추가했거나 드라이브가 추가되었다면 이제 구성을 업데이트해야 한다.

Active configuration을 클릭하고 Run mode로 진입한다.

10.2 NC PTP 설정

10.2.1 서보 축 설정

1) 파라미터

지금부터는 서보 축을 설정하는 법을 살펴보자. Axis1을 더블클릭해서 파라미터 탭을 선택한다. 파라미터에서는 모터의 속도, 가감속, 리밋 스위치 등을 설정할 수 있다.

값을 변경했다면 아래쪽의 다운로드 버튼을 눌러서 값을 업데이트할 수 있다.

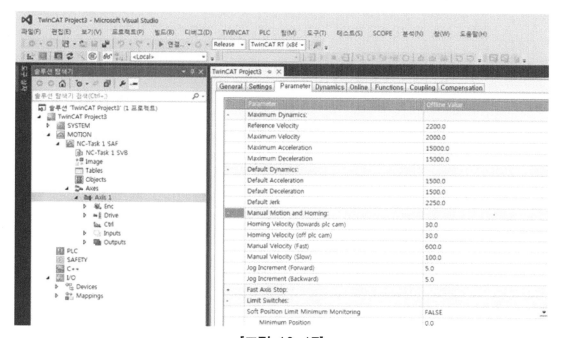

[그림 10-17]

2) Dynamics

dynamics 탭에서는 모터의 가감속을 설정할 수 있다. 가감속값을 직접 입력할 수 있는 direct와 자동으로 계산해 주는 indirect 방식이 있다.

Indirect에서는 스크롤 바를 이용해서 smooth와 stiff의 정도를 결정할 수 있기 때문에 편리하게 가감속을 설정할 수 있다.

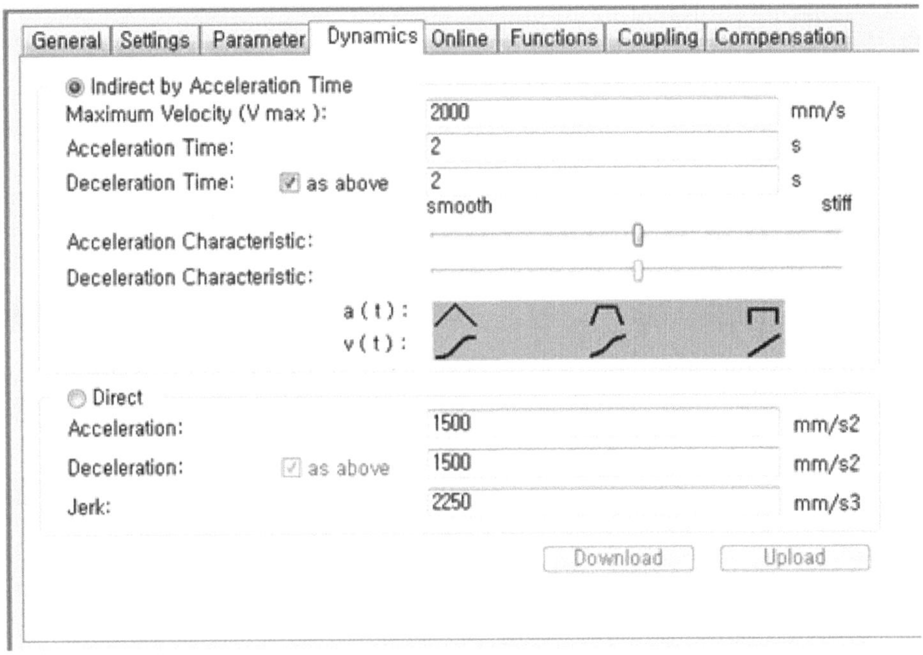

[그림 10-18]

3) Online

축의 온라인 탭을 클릭하면 그림과 같은 메뉴가 나온다. 온라인 메뉴에서는 축의 현재 위치, 속도, 에러 상태 등을 모니터링할 수 있고 조그 운전을 수행할 수 있다.

조그 운전 모드는 아래쪽 버튼에 할당된 단축키를 통해서도 조작이 가능하다. 조그 운전을 수행하기 전에 드라이브를 인에이블 시켜야 한다.

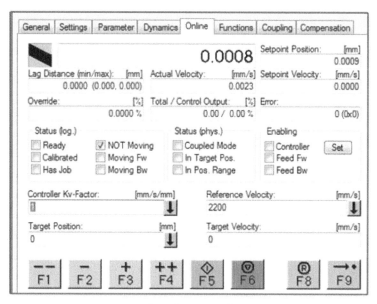

[그림 10-19]

드라이브를 인에이블 시키는 것은 서보온 작업을 수행하는 과정이다. 셋 버튼을 클릭한
후에 셋 인에이블링 창에서 All을 클릭하면 된다.

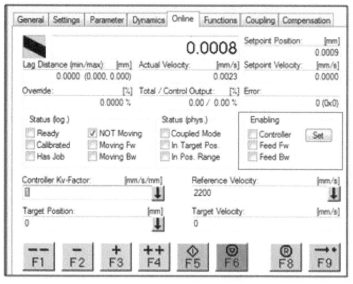
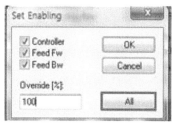

[그림 10-20]

4) Functions

Functions 탭을 클릭하면 조금 더 확장된 수동 동작 모드에서 모터를 테스트할 수 있다. 일정 위치를 반복적으로 이동하는 테스트를 위해 스타트 모드는 Reversing Sequence를 선택하고 Target Position 1 : 1000mm, Target Position 2 : 0mm, Target Velocity : 400mm/s로 입력한 후에 우측의 Start 버튼을 클릭하여 실제 모터를 구동해 볼 수 있다.

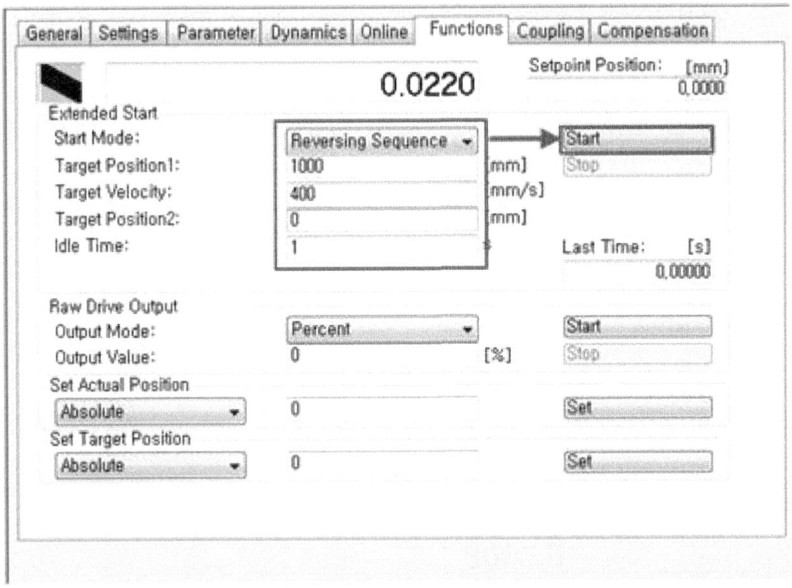

[그림 10-21]

5) Coupling

Coupling 탭에서는 마스터 축과 슬레이브 축 간 기어비를 설정함으로써 기계적인 기어박스를 대신할 수 있는 기능이 제공된다.

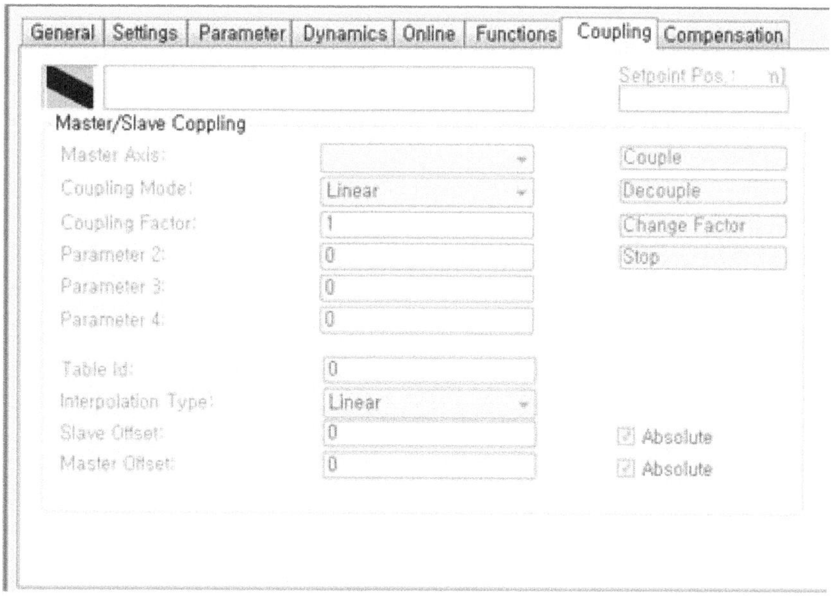

[그림 10-22]

6) 엔코더 설정

모션 제어의 기계 구조가 회전형 동작이 아닌 직선형 동작으로 되어 있는 경우에는 1회전당 이동 거리로 환산해야 편리하다.

Axis1을 확장하면 나오는 Enc를 클릭하면 엔코더와 관련된 설정을 할 수 있다. 스케일링 팩터(scaling factor)는 볼스크류와 같은 직선 운동 구조에서 1회전당 이동하는 거리를 엔코더 펄스 수로 나누어 계산이 된다.

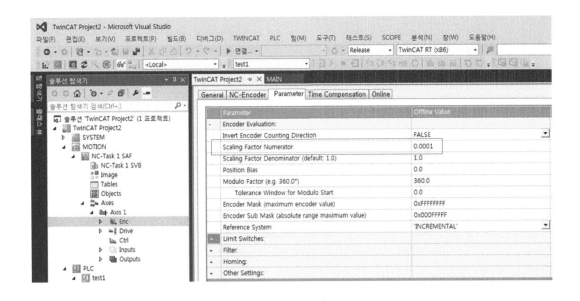

$$SF = \frac{Distance~(mm)}{Encoder~resolution~(INC)}$$

[그림 10-23]

10.3 모션 프로그램

10.3.1 모션 라이브러리 추가

모션 프로그램을 작성하기 위해서 먼저 모션 라이브러리를 추가해야 한다.

추가하는 방법은 PLC 프로젝트의 레퍼런스 항목에서 마우스 오른쪽 버튼을 클릭하여 Add library를 선택한다. 라이브러리 추가창에서 motion > PTP > Tc2_MC2를 선택하고 OK를 클릭한다.

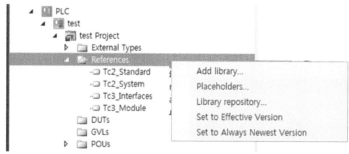

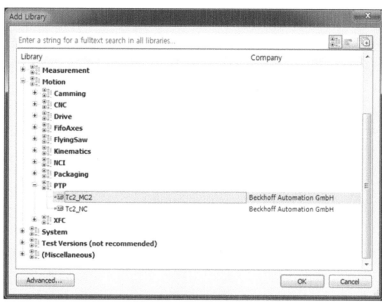

[그림 10-24]

PLC 프로젝트에서 레퍼런스 항목을 더블클릭하면 라이브러리 매니저 화면이 나타나는데, 라이브러리 매니저를 통해 모션 컨트롤 라이브러리가 추가된 것을 확인할 수 있고, 해당하는 라이브러리를 클릭해 보면 더욱 상세한 내용들을 확인할 수 있다.

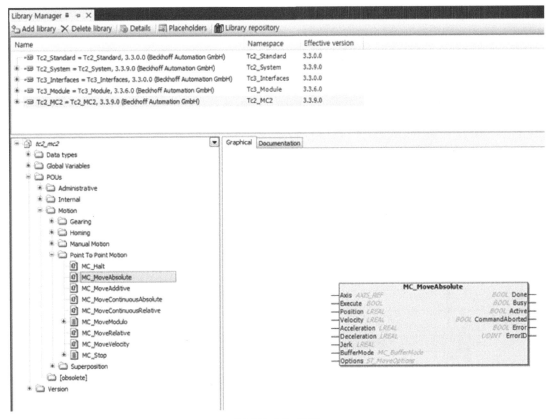

[그림 10-25]

자주 사용되는 모션 제어용 평션블럭들을 간단히 살펴보면 MC_Power는 모터에 전류를 인가하여 운전을 대기하는 Servo On 신호와 동일하다.

MC_MoveAbsolute는 위치 결정 구동 방식 중에서 절댓값에 의한 위치 이동을 위한 평션블럭이다.

MC_Home은 원점 복귀 명령이고 MC_Stop은 정지 명령이다.

[그림 10-26]

10.3.2 모션 프로그래밍

1) 변수 선언

모션 제어 라이브러리가 추가되었다면 본격적으로 모션 프로그래밍을 위한 첫 번째 작업인 글로벌 배리어블을 선언해 보자.

글로벌 배리어블 리스트를 열고 AXIS_REF라고 하는 평션블럭의 인스턴스를 생성한다. 본 예제에서는 Axis1이라는 인스턴스 명을 사용했다.

Axis_ref 평션블럭은 모션 라이브러리를 추가하면 사용할 수 있다.

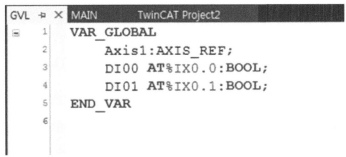

[그림 10-27]

2) 변수 링크

(1) PLC->NC

그다음은 PLC 프로그램에서 NC 태스크와 신호를 주고받기 위한 변수를 링크하는 과정이다. 먼저 PLC에서 NC 쪽으로 주는 신호를 링크한다. NC측에서 봤을 때는 PLC로부터 받는 신호이기 때문에 FromPLC라는 이름으로 만들어져 있는 변수이다. 모션 축의 inputs 폴더에서 FromPlc라고 하는 변수를 지정하고 change link 혹은 Linked to를 클릭하여 링크할 변수를 선택한다.

변수 선택창이 나타나면 글로벌 배리어블 리스트에 추가한 Axis1이라는 인스턴스의 속성이 나타난다. 여기서는 PLC to NC라는 이름으로 나타난다. 선택하고 OK를 클릭한다.

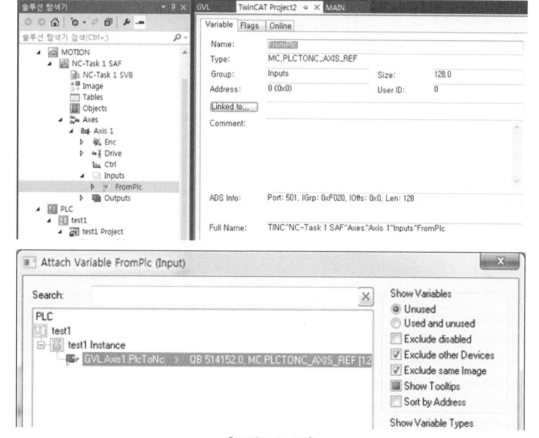

[그림 10-28]

⑵ NC -> PLC

그다음 NC에서 PLC 쪽으로 주는 신호를 링크한다. NC측에서 봤을때는 PLC로 주는 신호이기 때문에 ToPLC라는 이름으로 만들어져 있는 변수이다. 모션 축의 outputs 폴더에서 ToPlc라고 하는 변수를 지정하고 change link 혹은 Linked to를 클릭하여 링크할 변수를 선택한다.

변수 선택창이 나타나면 글로벌 배리어블 리스트에 추가한 Axis1이라는 인스턴스의 속성이 나타난다. 여기서는 NC to PLC라는 이름으로 나타난다. 선택하고 OK를 클릭한다.

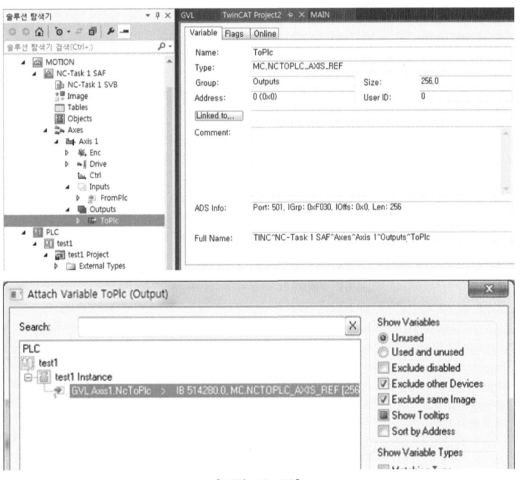

[그림 10-29]

3) 프로그램 작성

(1) 펑션블럭 호출

이제 메인 프로그램에서 프로그램을 작성해 보자.

모션 펑션블럭을 호출하고 각각의 파라미터를 입력하면 된다. 실제로 모터를 구동하기 위해서 여러 가지 속성값이 필요한데 최소한의 파라미터를 입력해 보자.

MC_MoveAbsolute 펑션블럭의 인스턴스로 Axis1_move라고 명명하고 Axis에는 Axis1을, 속도를 의미하는 Velocity에는 600을 입력한다.

MC_Power 펑션블럭의 인스턴스로 Axis1_power라고 명명하고 Axis에는 Axis1을, enable은 true로, override는 100으로 입력한다.

```
11  axis1_move(
12      Axis:= Axis1,
13      Execute:= ,
14      Position:= ,
15      Velocity:= 600,
16      Acceleration:= ,
17      Deceleration:= ,
18      Jerk:= ,
19      BufferMode:= ,
20      Options:= ,
21      Done=> ,
22      Busy=> ,
23      Active=> ,
24      CommandAborted=> ,
25      Error=> ,
26      ErrorID=> );
```

```
28  axis1_power(
29      Axis:= Axis1,
30      Enable:= TRUE,
31      Enable_Positive:= TRUE,
32      Enable_Negative:= TRUE,
33      Override:= 100,
34      BufferMode:= ,
35      Options:= ,
36      Status=> ,
37      Busy=> ,
38      Active=> ,
39      Error=> ,
40      ErrorID=> );
```

(2) 시퀀스

프로그램의 시퀀스는 푸시 버튼1을 누르면 포지션 0으로 이동하고 푸시 버튼2를 누르면
포지션 1000의 위치로 이동하는 프로그램이다.

If문을 이용하여 해당하는 버튼이 입력될 때 axis1_move 펑션블럭의 execute 파라미터
를 true로 하고 position 파라미터에 포지션값을 입력하면 된다.

```
1  IF DI00 THEN
2      axis1_move.Execute:=TRUE;
3      axis1_move.Position:=0;
4  ELSIF DI01 THEN
5      axis1_move.Execute:=TRUE;
6      axis1_move.Position:=1000;
7  ELSE
8      axis1_move.Execute:=FALSE;
9  END_IF
```

4) 실행 및 모니터링

로그인하고 Start시켜서 모니터링해 보면 현재 입력된 명령으로 이동하는 모습을 볼 수 있고, 모션 온라인 모니터링 화면에서는 현재 위치값과 속도값도 모니터링할 수 있다.

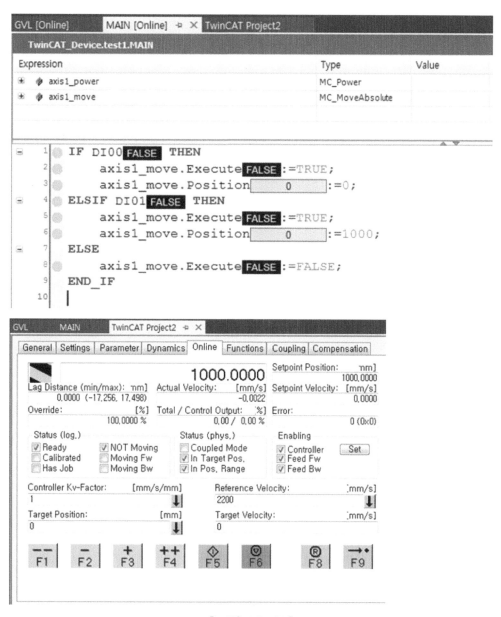

[그림 10-30]

모니터링과 리포팅

11.1 Scope View를 이용한 모니터링

11.2 에러 및 알람 모니터링

11장. 모니터링과 리포팅

단순 아날로그 입출력 터미널 외에 디지털 멀티미터 기능이 내장된 I/O 터미널을 사용하면 실제 이더캣 네트워크상에서 정밀 신호를 측정할 수 있다. 측정 레인지 자동 선택 기능이 있어서 전압은 300mV 범위에서 300V 범위까지 측정 레인지가 자동으로 선택되며 전류는 100mA 범위에서 10A 범위까지 측정이 가능하다. 트윈캣에서는 신호 분석과 저장이 가능하고 스코프뷰 기능을 이용하여 다양한 그래프 처리가 가능하다.

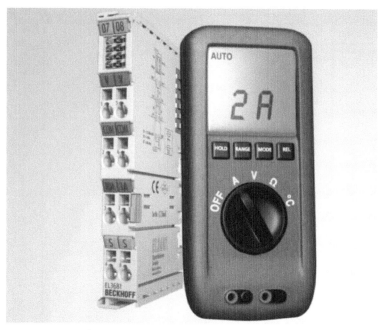

[그림 11-1] 전압전류 측정용 I/O

또 이더캣 터미널을 이용해서 AC 3상 전원의 전력 측정도 가능하다. 전력 측정용 터미널은 자동화 현장에서 에너지 효율을 위해 적용되고 있다. 이를 통해 에너지를 많이 소비하는 기기들을 분류할 수 있어서 전기 비용을 줄일 수 있다. 이와 같은 과정을 통해서 제조공정의 안정화와 비용 절감 등의 효과를 가져올 수 있다. 윈드터빈에 특화된 전력 측정용 터미널도 사용되고 있고, 발전 분야의 전력 모니터링에도 활용되고 있다.

11.1 Scope View를 이용한 모니터링

11.1.1 TwinCAT ScopeView

TwinCAT 3 ScopeView 는 TwinCAT 시스템의 모든 변수들을 모니터링하고 데이터를 저장할 수 있도록 해준다.

로컬 시스템뿐만 아니라 원격 TwinCAT 시스템의 변수들 또한 접근할 수 있다.

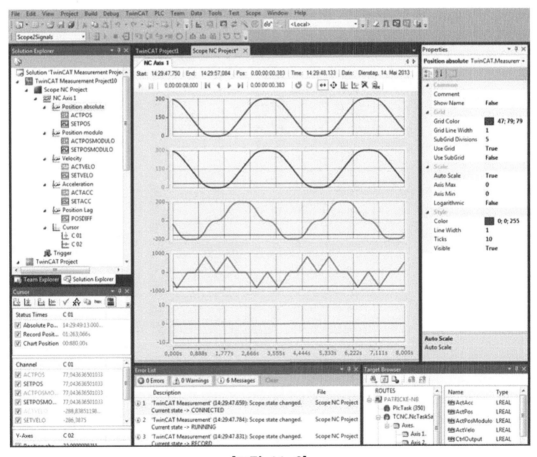

[그림 11-2]

1) 프로젝트 추가

ScopeView 기능을 이용하는 방법을 살펴보도록 하겠다.

현재 트윈캣 프로젝트가 열려 있거나 저장되어 있는 것을 전제로 하여 실행한다. 파일 메뉴에서 추가 > 새 프로젝트를 선택한다. 추가 메뉴는 현재 프로젝트에 새로운 프로젝트를 추가할때 사용하는 메뉴이다. 만약 새로 만들기를 선택했다면 이후에 기존 솔루션에 추가하는 항목이 나타난다.

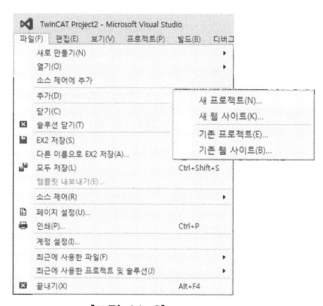

[그림 11-3]

새 프로젝트 추가 화면이 나타나면 TwinCAT measurement를 선택하고 우측 화면에서 Scope YT Project를 선택한다.

YT project는 시간의 흐름에 따른 차트를 표현하기 위한 유형이다.

[그림 11-4]

이제 좌측 솔루션 탐색기에는 트윈캣 measurement project가 추가되었고 우측에는 비어 있는 차트 화면이 생성되었다.

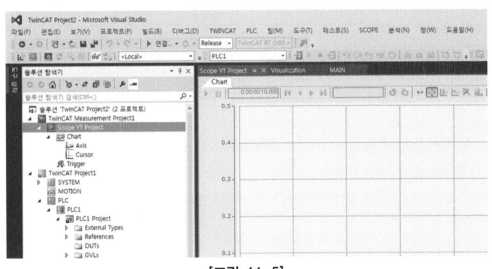

[그림 11-5]

Scope YT Project를 확장시키면 작은 항목들이 나타난다.

Axis는 그래프에 추가된 변수를, Cursor는 그래프에 추가된 커서를 나타낸다. Trigger는 특정 변수가 조건을 만족할 때 기록을 시작하도록 설정할 수 있는 기능이다.

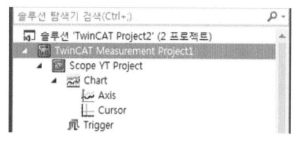

[그림 11-6]

2) 타겟 설정

모니터링을 시작하기 위해서 타겟 시스템을 설정한다. 타겟 시스템을 설정하는 것은 현재 사용하고 있는 컴퓨터뿐만 아니라 네트워크로 연결된 다른 트윈캣 시스템까지도 모니터링의 대상이 될 수 있다는 것을 의미한다.

먼저 Axis를 선택하고 마우스 오른쪽 버튼을 클릭하여 Target browser를 선택한다.

Target browser창에는 현재 네트워크상에 연결할 수 있는 트윈캣 시스템을 선택할 수 있다. 현재는 local PC밖에 없으므로 본인의 PC를 타겟 시스템으로 선택한다.

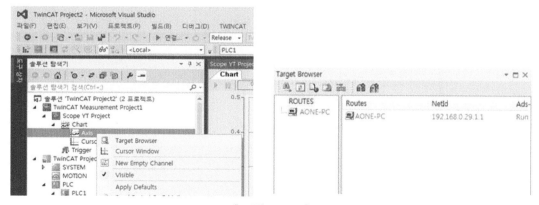

[그림 11-7]

선택된 타겟 시스템을 확장시켜서 현재 사용하고 있는 포트번호인 Port_851을 선택한다. 그리고 GVL, 즉 글로벌 배리어블 리스트 폴더를 열어서 모니터링하고자 하는 변수를 더블클릭한다.

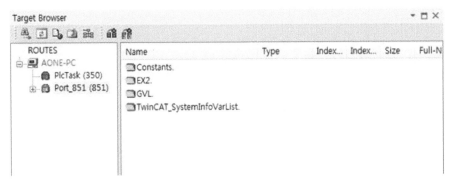

[그림 11-8]

이제 Axis 아래쪽으로 모니터링할 글로벌 배리어블들이 추가되어 있는 것을 확인할 수 있다.

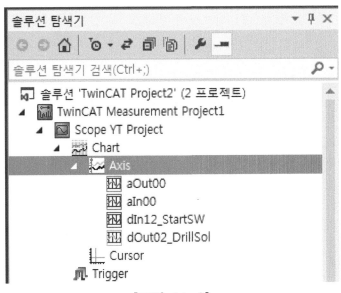

[그림 11-9]

3) 모니터링 시작과 정지

모니터링을 본격적으로 시작하기 위해서 툴바에 있는 모니터링 레코드 아이콘을 클릭한
다. 모니터링이 시작되고 나면 정지 버튼도 활성화된다.

Save data 버튼은 모니터링이 시작된 이후의 데이터를 저장할 수 있는 기능이다.

[그림 11-10]

모니터링이 시작되면 추가된 변수들의 변화가 그래프로 나타난다. 각 그래프의 색깔은
좌측 변수들의 색깔과 동일하게 나타나므로 색깔을 참고하여 상태 변화를 관찰할 수 있다.

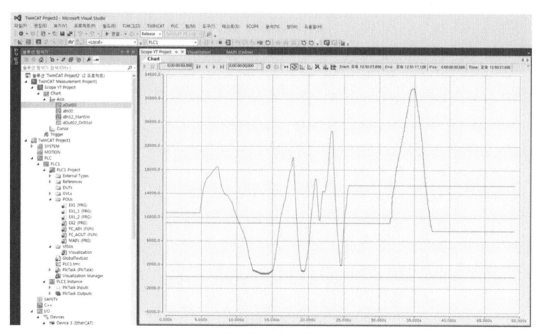

[그림 11-11]

4) 데이터 저장과 리뷰

모니터링한 데이터를 저장하기 위해서는 save data 버튼을 클릭한다. 스코프 데이터 파일을 현재 프로젝트 폴더에 저장할지를 묻는 창이 나타나면 Yes를 클릭한다. No를 클릭하면 다른 폴더에 저장할 수 있다.

차트의 추가 메뉴를 사용하면 화면을 축소/확대시키거나 시간대를 이동시켜 상세한 변화를 관찰할 수 있다.

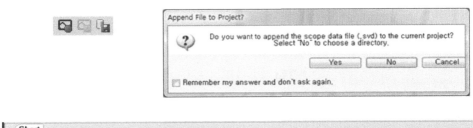

[그림 11-12]

5) Cursor

커서는 그래프상에서 임의의 위치에 추가된 X축과 Y축의 직선이다. 커서를 추가하면 X축이나 Y축의 특정 위치에서 데이터를 비교 관찰하거나 값의 차이를 분석할 수 있다.

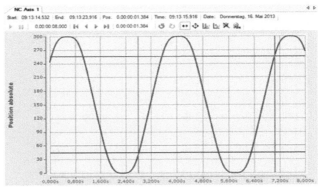

[그림 11-13]

커서를 추가하기 위해서는 차트의 커서 항목에서 단축 메뉴의 new X cursor나 new Y cursor를 선택한다.

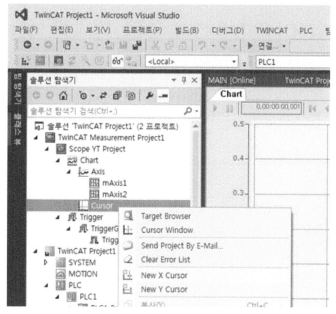

[그림 11-14]

커서한 한 방향으로 여러 개가 있을 때 델타 밸류를 true로 설정하면 각 커서 간의 차이 값을 볼 수 있다.

또한, 각각의 커서는 속성창에서 색상과 라인 두께 등을 개별적으로 설정할 수 있다.

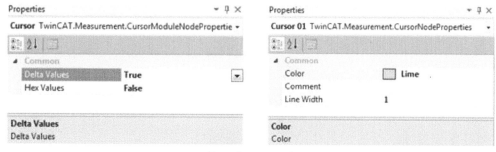

[그림 11-15]

각 수치들이 커서 윈도를 통해서 디스플레이되고 차이값도 바로 확인이 된다.

커서 윈도는 스코프 항목에서 마우스 오른쪽 버튼을 클릭하여 커서 윈도를 선택하면 볼 수 있다.

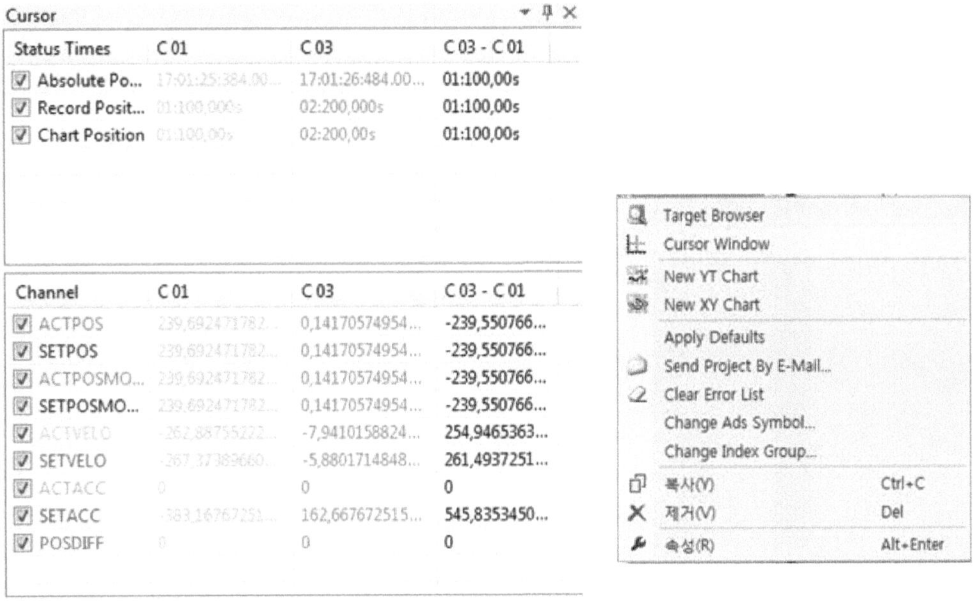

[그림 11-16]

11.1.2 Trigger

1) 트리거 그룹 생성

트리거(Trigger)는 특정 변수가 조건을 만족할 때 기록을 시작하도록 설정할 수 있는 기능이다.

스코프 설정에서 서로 다른 트리거 기능을 추가할 수 있다. 개별적인 트리거를 설정하거나 액션을 조합하는 것은 트리거 그룹에서 가능하다.

트리거 그룹을 생성하기 위해서는 트리거 단축 메뉴에서 'new trigger group'을 선택한다.

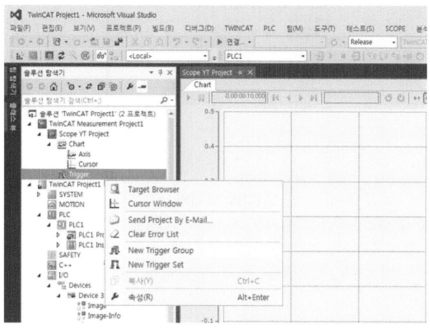

[그림 11-17]

2) 트리거 그룹 액션 설정

트리거 그룹에서는 트리거 액션을 설정할 수 있는데 트리거 액션은 트리거 조건이 만족
됐을 때 실행할 동작을 지정하는 것이다. 트리거 액션에는 StartRecord, StopRecord,
StopDisplay, RestartDisplay, StartSubsave, StopSubsave 가 있다.

StartRecord 옵션이 선택되면 마지막 트리거 조건이 세트되는 시간을 기준으로 스코프
레코드를 시작한다.

StopRecord 옵션은 스코프 레코드가 링 버퍼 모드로 동작하며 정지한다.

StopDisplay 옵션은 모든 스코프 차트를 정지시킨다.

StartSubsave 옵션은 스코프 세팅과는 독립적으로 백그라운드 레코딩을 시작하는 기능
이다. 최대 메모리 용량이 설정되어야 한다.

StopSubsave는 트리거 이벤트가 발생한 이후의 시점에 마지막 기록된 데이터가 .svd
파일의 형태로 저장된다.

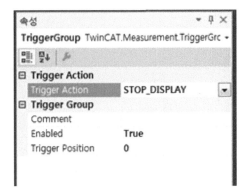

[그림 11-18]

3) 트리거 셋

트리거 조건을 지정하기 위해서 트리거 셋을 사용해야 한다.

트리거 셋을 추가하기 위해서는 트리거 그룹의 단축 메뉴에서 new trigger set을 선택한다.

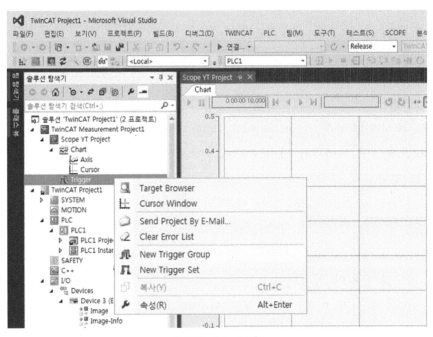

[그림 11-19]

추가된 각각의 트리거 셋은 독립적인 트리거 조건으로 간주된다.

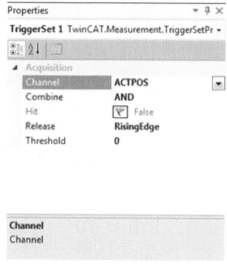

[그림 11-20]

Channel은 선택된 트리거 조건이 할당되는 채널을 의미한다. 모니터링할 변수를 선택하면 된다.

Combine은 AND나 OR과 같은 논리 조건을 적용할 필요가 있을 경우에 사용할 수 있다.

Hit는 트리거가 동작했는지를 표시해 주는 아이콘이다.

Release는 상승이나 하강 에지에서 트리거가 해제되는 조건을 지정할 수 있다.

Threshold는 한계값을 입력할 수 있는 옵션이다.

테스트 목적으로 트리거를 셋시킬 수 있다. 트리거를 선택하고 단축 메뉴에서 'manual trigger hit'을 선택하면 된다.

트리거가 셋되면 솔루션 탐색기에서 트리거 아이콘의 색상이 변경된다.

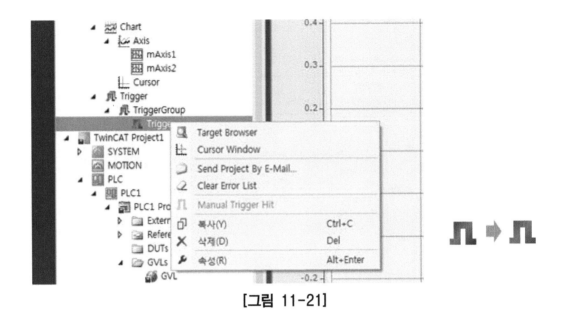

[그림 11-21]

11.1.3 Report 생성

Microsoft Visual Studio Report Designer의 기능을 사용할 수 있기 때문에 트윈캣 Measurement 프로젝트에서 사용되는 복잡한 스코프 차트와 같은 프린팅 템플릿을 생성하는 것이 가능하다.

TwinCAT 3에는 샘플 리포트 양식이 있어서 좀 더 편리하게 리포트 기능을 이용할 수 있다.

TwinCAT Measurement project에서 마우스 오른쪽을 버튼 클릭해서 추가 > 새 항목을 선택한다.

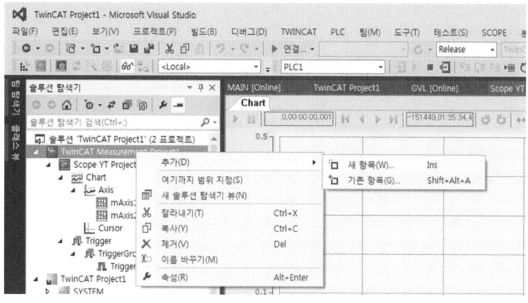

[그림 11-22]

새 항목 추가 창이 나오면 Standard Report를 선택하여 추가 버튼을 클릭한다.

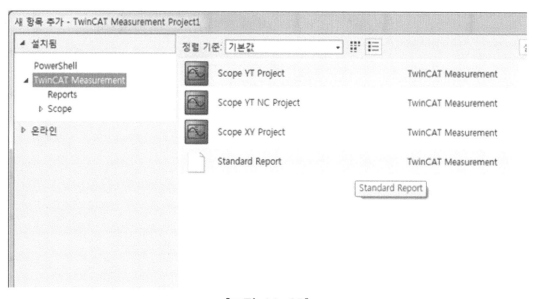

[그림 11-23]

기본적으로 제공되는 보고서 템플릿이 나타나는데 보고서 데이터 창에서 여러 가지 항목들을 수정하거나 변경할 수 있다.

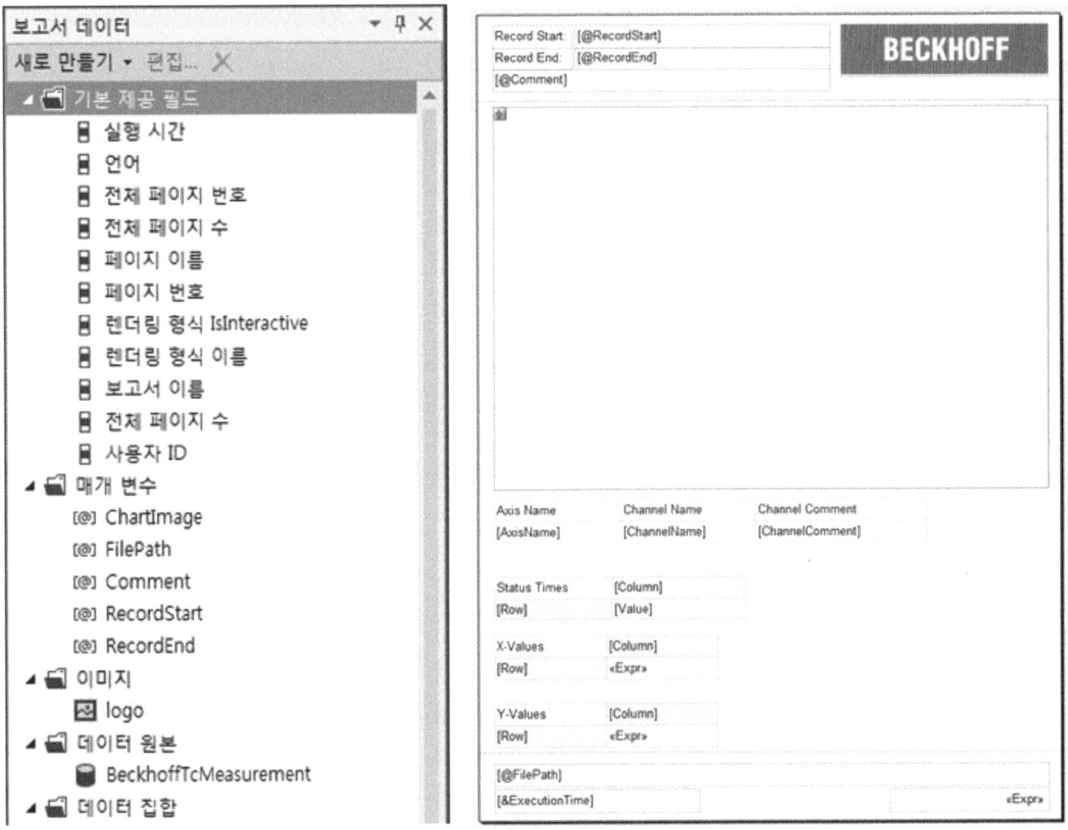

[그림 11-24]

11.2 에러 및 알람 모니터링

11.2.1 Logger view

시스템을 운용하다 보면 상황에 따라서 에러와 알람 등이 발생할 수 있는데, 그 원인을 빨리 분석하고 처리하는 것이 중요하다. 트윈캣에서는 로거뷰를 이용하여 시스템 데이터를 모니터링할 수 있다.

그림에서 보이는 Output 창을 로거뷰(logger view)라고 하는데 TwinCAT 시스템의 이벤트를 확인할 수 있는 화면이다. 여기에는 TwinCAT 상태 및 에러 메시지, 통신 상태 등이 기록된다.

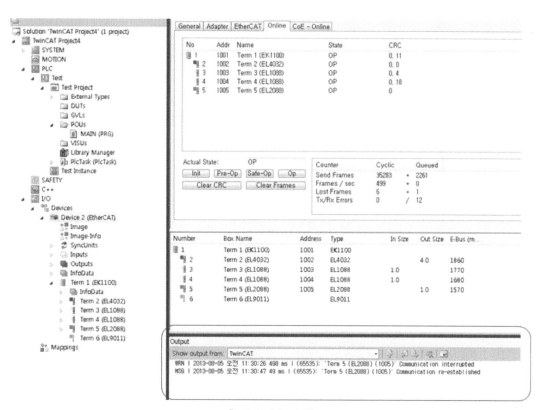

[그림 11-25]

로거뷰 창을 활성화시키기 위해서 메뉴/보기(View)/출력(Output)을 클릭한다.

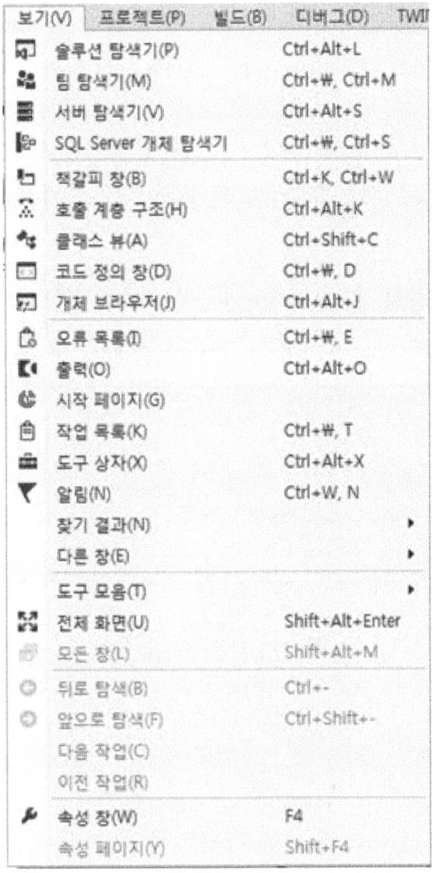

[그림 11-26]

11.2.2 Watch view

와치뷰(Watch view)는 특정 변수의 값을 모니터링하거나 설정하기 위해 사용한다. 그림에서 보이는 창이 와치뷰 창이다.

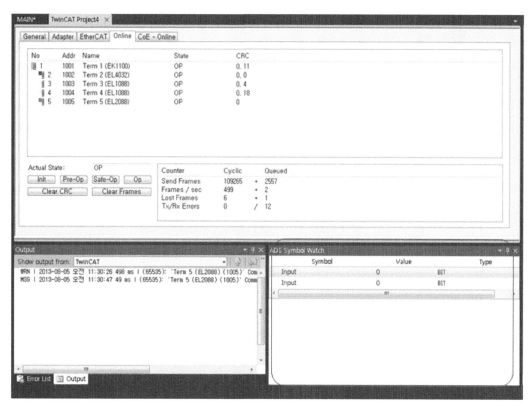

[그림 11-27]

와치뷰 창을 활성화시키는 방법은 먼저 솔루션 탐색기에서 모니터링할 변수를 선택하고 마우스 오른쪽 버튼을 클릭하여 'Add to Watch'를 선택하면 ' ADS Symbol Watch' 화면이 표시된다.

이 창을 드래그하여 원하는 위치에 이동시켜 고정할 수 있다.

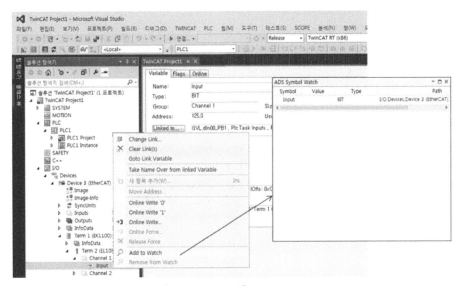

[그림 11-28]

와치뷰 창을 하단의 로거뷰 창 옆으로 이동시켜서 배치한다. 이제 여러 개의 변수들을 추가하여 프로그램 중에도 상태 변화를 관찰할 수 있다.

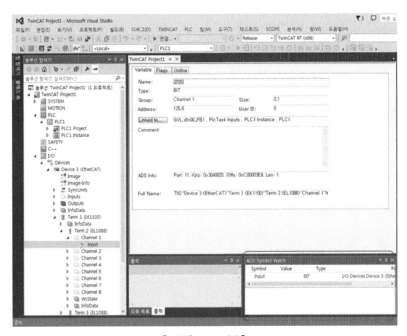

[그림 11-29]

모니터링 대상에서 삭제할 변수는 해당 변수의 단축 메뉴에서 'Remove from Watch'를
선택하여 삭제하거나 와치뷰 창에서 직접 remove를 클릭하여 삭제할 수 있다.

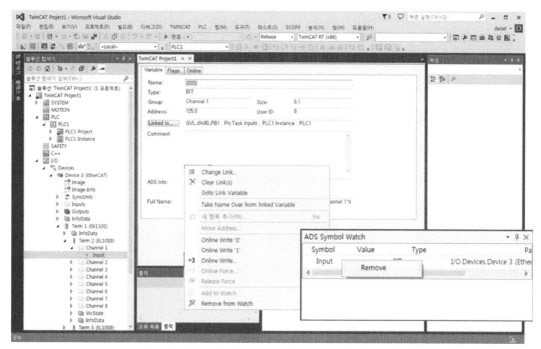

[그림 11-30]

미니 MPS 장비 제어를 위한 실습과제

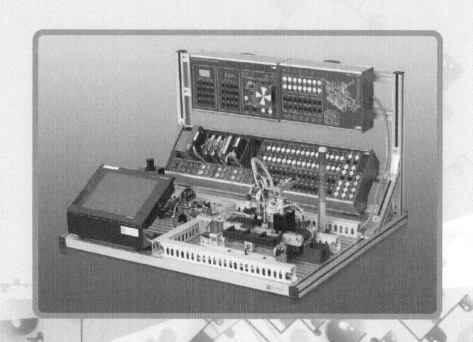

부록. 미니 MPS 장비 제어를 위한 실습과제

1. 입출력 할당

변수 할당 PLC 입력		
명 칭	변 수	할당주소
공급 실린더 후진 리밋	cs0	AT%IX0.0
공급 실린더 전진 리밋	cs1	AT%IX0.1
스토퍼 실린더 상승 리밋	cs2	AT%IX0.2
스토퍼 실린더 하강 리밋	cs3	AT%IX0.3
흡착컵 실린더 후진 리밋	cs4	AT%IX0.4
흡착컵 실린더 전진 리밋	cs5	AT%IX0.5
흡착컵 실린더 상승 리밋	cs6	AT%IX0.6
흡착컵 실린더 하강 리밋	cs7	AT%IX0.7
공급 매거진 센서	s1	AT%IX1.0
유도형 센서	s2	AT%IX1.1
용량형 센서	s3	AT%IX1.2
흡착 위치 센서	s4	AT%IX1.3
저장창고 위치 1	pos1	AT%IX1.4
저장창공 위치 2	pos2	AT%IX1.5
저장창고 위치 3	pos3	AT%IX1.6
스위치 1	sw1	AT%IX1.7
스위치 2	sw2	AT%IX2.0
스위치 3	sw3	AT%IX2.1
스위치 4	sw4	AT%IX2.2

변수 할당 PLC 입력		
명 칭	변 수	할당주소
비상 정지 스위치	emg	AT%IX2.3
공급 전&후진 솔밸브	sol1	AT%QX0.0
스토퍼 상승&하강 솔밸브	sol2	AT%QX0.1
흡착컵 전진 솔밸브	sol3	AT%QX0.2
흡착컵 후진 솔밸브	sol4	AT%QX0.3
흡착컵 상승&하강 솔밸브	sol5	AT%QX0.4
흡착 on	sol6	AT%QX0.5
컨베이어	m1	AT%QX0.6
저장 창고 우측 이동	m2	AT%QX0.7
저장 창고 좌측 이동	m3	AT%QX1.0
램프 1	lamp1	AT%QX1.1
램프 2	lamp2	AT%QX1.2
램프 3	lamp3	AT%QX1.3
램프 4	lamp4	AT%QX1.4

2. Gloval variable list

```
VAR_GLOBAL
//입력부
        cs0         AT%IX0.0        :BOOL;          // 공급 실린더 후진 리밋
        cs1         AT%IX0.1        :BOOL;          // 공급 실린더 전진 리밋
        cs2         AT%IX0.2        :BOOL;          // 스토퍼 실린더 상승 리밋
        cs3         AT%IX0.3        :BOOL;          // 스토퍼 실린더 하강 리밋
        cs4         AT%IX0.4        :BOOL;          // 흡착컵 실린더 후진 리밋
        cs5         AT%IX0.5        :BOOL;          // 흡착컵 실린더 전진 리밋
        cs6         AT%IX0.6        :BOOL;          // 흡착컵 실린더 상승 리밋
        cs7         AT%IX0.7        :BOOL;          // 흡착컵 실린더 하강 리밋
        s1          AT%IX1.0        :BOOL;          // 공급 매거진 센서
        s2          AT%IX1.1        :BOOL;          // 유도형 센서
        s3          AT%IX1.2        :BOOL;          // 용량형 센서
        s4          AT%IX1.3        :BOOL;          // 흡착 위치 센서
        pos1        AT%IX1.4        :BOOL;          // 저장창고 위치 1
        pos2        AT%IX1.5        :BOOL;          // 저장창고 위치 2
        pos3        AT%IX1.6        :BOOL;          // 저장창고 위치 3
        sw1         AT%IX1.7        :BOOL;          // sw1

//출력부
        sol1        AT%QX0.0        :BOOL;          // 공급 전진&후진 솔레노이드 밸브
        sol2        AT%QX0.1        :BOOL;          // 스토퍼 상승&하강 솔레노이드 밸브
        sol3        AT%QX0.2        :BOOL;          // 흡착컵 전진 솔레노이드 밸브
        sol4        AT%QX0.3        :BOOL;          // 흡착컵 후진 솔레노이드 밸브
        sol5        AT%QX0.4        :BOOL;          // 흡착컵 상승&하강 솔레노이드 밸브
        sol6        AT%QX0.5        :BOOL;          // 흡착 on
        m1          AT%QX0.6        :BOOL;          // 컨베이어 on
        m2          AT%QX0.7        :BOOL;          // 저장창고 우측 이동
        m3          AT%QX1.0        :BOOL;          // 저장창고 좌측 이동
        lamp1       AT%QX1.1        :BOOL;          // 적색 램프
        lamp2       AT%QX1.2        :BOOL;          // 황색 램프
        lamp3       AT%QX1.3        :BOOL;          // 녹색 램프
        lamp4       AT%QX1.4        :BOOL;          // 청색 램프
END_VAR
```

과제 1

순차 램프
sw1을 누를 때마다 램프 1~4번이 순차적으로 점멸을 반복한다.

변수 할당 PLC 입력		
명칭	변수	할당주 소
스위치 1	sw1	AT%IX1.7

변수 할당 PLC 출력		
명칭	변수	할당주소
램프 1	lamp1	AT%QX1.1
램프 2	lamp2	AT%QX1.2
램프 3	lamp3	AT%QX1.3
램프 4	lamp4	AT%QX1.4

과제 2

순차 램프(타이머)

sw1을 ON 시 램프 1~4번이 1초 간격으로 순차적으로 점멸을 반복한다.

변수 할당 PLC 입력		
명칭	변수	할당 주소
스위치 1	sw1	AT%IX1.7

변수 할당 PLC 출력		
명칭	변수	할당 주소
램프 1	lamp1	AT%QX1.1
램프 2	lamp2	AT%QX1.2
램프 3	lamp3	AT%QX1.3
램프 4	lamp4	AT%QX1.4

과제 3

수동 동작(1)

sw1을 누를 때마다 실린더 1~4번이 전-후진을 순차적으로 반복한다.

변수 할당 PLC 입력		
명칭	변수	할당 주소
스위치 1	sw1	AT%IX1.7

변수 할당 PLC 출력		
명칭	변수	할당주소
공급 전&후진 솔밸브	sol1	AT%QX0.0
스토퍼 상승&하강 솔밸브	sol2	AT%QX0.1
흡착컵 전진 솔밸브	sol3	AT%QX0.2
흡착컵 후진 솔밸브	sol4	AT%QX0.3
흡착컵 상승&하강 솔밸브	sol5	AT%QX0.4

과제 4

수동 동작(2)

sw1을 누를 때마다 실린더 1~4, 컨베이어, 자동 창고가 순차적으로 동작한다.

변수 할당 PLC 입력		
명칭	변수	할당 주소
스위치 1	sw1	AT%IX1.7

변수 할당 PLC 출력		
명칭	변수	할당 주소
공급 전&후진 솔밸브	sol1	AT%QX0.0
스토퍼 상승&하강 솔밸브	sol2	AT%QX0.1
흡착컵 전진 솔밸브	sol3	AT%QX0.2
흡착컵 후진 솔밸브	sol4	AT%QX0.3
흡착컵 상승&하강 솔밸브	sol5	AT%QX0.4
흡착 on	sol6	AT%QX0.5
컨베이어	m1	AT%QX0.6
저장 창고 우측 이동	m2	AT%QX0.7
저장 창고 좌측 이동	m3	AT%QX1.0

과제 5

[단속 동작]

초기 자동 창고는 POS1의 위치로 이동한다.

공작물이 적재 시마다 POS1 -> POS2 -> POS3 순으로 이동한다.

매거진의 센서가 임의의 공작물을 감지한 상태에서 sw1을 ON 시 단속 운전이 진행된다.

공급 모듈이 전진하여 공작물을 공급하고 컨베이어에 의해 공작물은 이송된다.

공작물 소재를 판별 후에 금속일 경우 스토퍼 실린더가 하강하고 흡착 위치에 금속

공작물이 도착하면 흡착컵 모듈에 의해 자동 창고로 금속 공작물은 적재된다.

판별된 공작물이 비금속일 경우에는 컨베이어 종단에 공작물을 반출한다.

운전 시 램프 1이 점등된다.

과제 6

[연속 동작(기본)]

초기 자동 창고는 POS1의 위치로 이동한다.

공작물이 적재 시마다 POS1 -> POS2 -> POS3 순으로 이동한다.

sw1을 ON하면 연속 운전이 시작되며, 이후 매거진 센서에서 임의의 공작물이 감지되면 공급 모듈이 전진하여 공작물을 공급하고 컨베이어에 의해 공작물은 이송된다.

공작물 소재를 판별 후에 금속일 경우 스토퍼 실린더가 하강하고 흡착 위치에 금속 공작물이 도착하면 흡착컵 모듈에 의해 자동 창고로 금속 공작물은 적재된다.

판별된 공작물이 비금속일 경우에는 컨베이어 종단에 공작물을 반출한다.

하나의 공작물을 반출 또는 적재 후 매거진 센서의 공작물 감지로 연속적인 동작이 된다.

sw2를 ON 시 연속 운전이 정지된다.

운전 시 램프 1이 점등되며 정지 시 램프 2가 점등된다.

과제 7

[연속 동작(카운팅)]

초기 자동 창고는 POS1의 위치로 이동한다.

공작물이 적재 시마다 POS1 -> POS2 -> POS3 순으로 이동한다.

sw1을 ON하면 연속 운전이 시작되며, 이후 매거진 센서에서 임의의 공작물이 감지되면 공급 모듈이 전진하여 공작물을 공급하고 컨베이어에 의해 공작물은 이송된다.

공작물 소재를 판별 후에 금속일 경우 스토퍼 실린더가 하강하고 흡착 위치에 금속 공작물이 도착하면 흡착컵 모듈에 의해 자동창고로 금속 공작물은 적재된다.

판별된 공작물이 비금속일 경우에는 컨베이어 종단에 공작물을 반출한다.

하나의 공작물을 반출 또는 적재 후 매거진 센서의 공작물 감지로 연속적인 동작이 된다.

자동 창고에 3개의 공작물이 적재되면 연속 운전은 종료된다.

각 횟수에 의한 램프가 점등된다.

1회 램프 1 점등

2회 램프 2 점등

3회 램프 3 점등

sw2에 의해 카운팅을 리셋 후 재동작이 가능하다.

과제 8

연속(동시 공정)

초기 자동 창고는 POS1의 위치로 이동한다.

공작물이 적재 시마다 POS1 -> POS2 -> POS3 순으로 이동한다.

sw1을 ON하면 연속 운전이 시작되며, 이후 매거진 센서에서 임의의 공작물이 감지되면 공급 모듈이 전진하여 공작물을 공급하고 컨베이어에 의해 공작물은 이송된다.

공작물 소재를 판별 후에 금속일 경우 스토퍼 실린더가 하강하고 흡착 위치에 금속 공작물이 도착하면 흡착컵 모듈에 의해 자동 창고로 금속 공작물은 적재된다.

판별된 공작물이 비금속일 경우에는 컨베이어 종단에 공작물을 반출한다.

연속 운전 중 공급 공정에 의한 재공급 주기는 흡착 위치에 공작물이 감지 시 재공급이 이루어진다.

과제 9

비상(일시 정지)

과제 6을 기준으로 비상 정지 조건을 적용한다.

동작 중 비상 정지 버튼을 ON 시 모든 실린더는 동작 완료 후 정지한다.

컨베이어 또는 자동 창고는 즉시 정지한다.

비상 정지 버튼을 OFF 시 비상은 해제되고 남은 동작을 진행한다.

비상 정지 시 램프 4가 점등된다.

과제 10

비상(초기화)

과제 6을 기준으로 비상 정지 조건을 적용한다.

동작 중 비상 정지 버튼을 ON 시 모든 실린더는 동작 완료 후 정지한다.

컨베이어 또는 자동 창고는 즉시 정지한다.

비상 정지 버튼을 OFF 시 모든 실린더, 자동 창고는 초기 상태로 복귀하며 초기화가 이루어진다.

비상 정지 시 램프 4가 점등된다.

과제 Solution

○ 과제 5

```
PROGRAM MAIN
VAR
        tr1: R_TRIG;
        seq: INT;
        t0: TON;
        t1: TON;
        tr2: R_TRIG;
        pos: INT;
END_VAR
-----------------------------
tr2(CLK:=seq=180 , Q=> );
IF tr2.Q THEN
        pos:=pos+1;
END_IF
CASE pos OF
0:;
        IF pos1=FALSE THEN
                m3:=TRUE;
                ELSE m3:=FALSE;
        END_IF
1:;
        IF pos2=FALSE THEN
                m2:=TRUE;
                ELSE m2:=FALSE;
        END_IF
2:;
        IF pos3=FALSE THEN
                m2:=TRUE;
                ELSE m2:=FALSE;
        END_IF
3:;
        pos:=0;
END_CASE
```

```
tr1(CLK:=sw1 AND s1 , Q=> );
IF tr1.Q AND seq=0 THEN
        seq:=10;
END_IF

CASE seq OF
0:;
10:;
        sol1:=TRUE;
        IF cs1 THEN
                seq:=20;
        END_IF
20:;
        sol1:=FALSE;
        m1:=TRUE;
        IF s2 THEN
                seq:=100;
        END_IF
        IF s3 THEN
                seq:=300;
        END_IF
100:;
        sol2:=TRUE;
        IF cs3 THEN
                seq:=110;
        END_IF
110:;
        IF s4 THEN
                m1:=FALSE;
                seq:=120;
        END_IF
120:;
        sol5:=TRUE;
        IF cs7 THEN
                seq:=130;
        END_IF
```

```
130:;
        sol6:=TRUE;
        IF t0.Q THEN
                seq:=140;
        END_IF
140:;
        sol5:=FALSE;
        sol2:=FALSE;
        IF cs6 THEN
                seq:=150;
        END_IF
150:;
        sol3:=TRUE;
        IF cs5 THEN
                seq:=160;
        END_IF
160:;
        sol5:=TRUE;
        IF cs7 THEN
                seq:=170;
        END_IF
170:;
        sol6:=FALSE;
        IF t0.Q THEN
                seq:=180;
        END_IF
180:;
        sol5:=FALSE;
        IF cs6 THEN
                seq:=190;
        END_IF
190:;
        sol3:=FALSE;
        sol4:=TRUE;
        IF cs4 THEN
                sol4:=FALSE;
```

```
                        seq:=0;
            END_IF
300:;
      IF t1.Q THEN
                  m1:=FALSE;
                  seq:=0;
      END_IF
END_CASE
IF seq>0 THEN
      lamp1:=TRUE;
      ELSE lamp1:=FALSE;
END_IF
t0(IN:=cs7 , PT:=T#1S , Q=> , ET=> );
t1(IN:=seq=300 , PT:=T#8S , Q=> , ET=> );
```

과제 6

```
PROGRAM MAIN
VAR
        tr1: R_TRIG;
        seq: INT;
        t0: TON;
        t1: TON;
        tr2: R_TRIG;
        pos: INT;
        auto: BOOL;
        t2: TON;
END_VAR
---------------------------------

tr2(CLK:=seq=180 , Q=> );
IF tr2.Q THEN
        pos:=pos+1;
END_IF
CASE pos OF
0:;
        IF pos1=FALSE THEN
                m3:=TRUE;
                ELSE m3:=FALSE;
        END_IF
1:;
        IF pos2=FALSE THEN
                m2:=TRUE;
                ELSE m2:=FALSE;
        END_IF
2:;
        IF pos3=FALSE THEN
                m2:=TRUE;
                ELSE m2:=FALSE;
        END_IF
```

```
3:;
        pos:=0;
END_CASE

IF sw1 THEN
        auto:=TRUE;
END_IF
IF sw2 THEN
        auto:=FALSE;
END_IF

IF s1 AND auto AND seq=0 THEN
        seq:=10;
END_IF

CASE seq OF
0:;
10:;
        sol1:=TRUE;
        IF cs1 THEN
                seq:=20;
        END_IF
20:;
        sol1:=FALSE;
        m1:=TRUE;
        IF s2 THEN
                seq:=100;
        END_IF
        IF s3 THEN
                seq:=300;
        END_IF
100:;
        sol2:=TRUE;
        IF cs3 THEN
                seq:=110;
        END_IF
```

```
110:;
        IF t2.Q THEN
                m1:=FALSE;
                seq:=120;
        END_IF
120:;
        sol5:=TRUE;
        IF cs7 THEN
                seq:=130;
        END_IF
130:;
        sol6:=TRUE;
        IF t0.Q THEN
                seq:=140;
        END_IF
140:;
        sol5:=FALSE;
        sol2:=FALSE;
        IF cs6 THEN
                seq:=150;
        END_IF
150:;
        sol3:=TRUE;
        IF cs5 AND m2=FALSE AND m3=FALSE THEN
                seq:=160;
        END_IF
160:;
        sol5:=TRUE;
        IF cs7 THEN
                seq:=170;
        END_IF
170:;
        sol6:=FALSE;
        IF t0.Q THEN
                seq:=180;
        END_IF
```

```
180:;
        sol5:=FALSE;
        IF cs6 THEN
                seq:=190;
        END_IF
190:;
        sol3:=FALSE;
        sol4:=TRUE;
        IF cs4 THEN
                sol4:=FALSE;
                seq:=0;
        END_IF
300:;
        IF t1.Q THEN
                m1:=FALSE;
                seq:=0;
        END_IF
END_CASE
IF auto THEN
        lamp1:=TRUE;
        ELSE lamp1:=FALSE;
END_IF
IF seq>0 THEN
        lamp1:=TRUE;
        ELSE lamp1:=FALSE;
END_IF
IF auto THEN
        lamp2:=TRUE;
        ELSE lamp2:=FALSE;
END_IF

t0(IN:=cs7 , PT:=T#1S , Q=> , ET=> );
t1(IN:=seq=300 , PT:=T#8S , Q=> , ET=> );
t2(IN:=s4 , PT:=T#1S , Q=> , ET=> );
```

◐ 과제 7

```
PROGRAM MAIN
VAR
        tr1: R_TRIG;
        seq: INT;
        t0: TON;
        t1: TON;
        tr2: R_TRIG;
        pos: INT;
        auto: BOOL;
        t2: TON;
        count: INT;
END_VAR
--------------------------------


tr2(CLK:=seq=180 , Q=> );
IF tr2.Q THEN
        pos:=pos+1;
END_IF
CASE pos OF
0:;
        IF pos1=FALSE THEN
                m3:=TRUE;
                ELSE m3:=FALSE;
        END_IF
1:;
        IF pos2=FALSE THEN
                m2:=TRUE;
                ELSE m2:=FALSE;
        END_IF
2:;
        IF pos3=FALSE THEN
                m2:=TRUE;
                ELSE m2:=FALSE;
        END_IF
```

```
3:;
        pos:=0;
END_CASE

IF sw1 THEN
        auto:=TRUE;
END_IF
IF sw2 THEN
        count:=0;
END_IF
IF count=3 THEN
        auto:=FALSE;
END_IF

IF s1 AND auto AND seq=0 THEN
        seq:=10;
END_IF

CASE seq OF
0:;
10:;
        sol1:=TRUE;
        IF cs1 THEN
                seq:=20;
        END_IF
20:;
        sol1:=FALSE;
        m1:=TRUE;
        IF s2 THEN
                seq:=100;
        END_IF
        IF s3 THEN
                seq:=300;
        END_IF
```

```
100:;
        sol2:=TRUE;
        IF cs3 THEN
                seq:=110;
        END_IF
110:;
        IF t2.Q THEN
                m1:=FALSE;
                seq:=120;
        END_IF
120:;
        sol5:=TRUE;
        IF cs7 THEN
                seq:=130;
        END_IF
130:;
        sol6:=TRUE;
        IF t0.Q THEN
                seq:=140;
        END_IF
140:;
        sol5:=FALSE;
        sol2:=FALSE;
        IF cs6 THEN
                seq:=150;
        END_IF
150:;
        sol3:=TRUE;
        IF cs5 AND m2=FALSE AND m3=FALSE THEN
                seq:=160;
        END_IF
160:;
        sol5:=TRUE;
        IF cs7 THEN
                seq:=170;
        END_IF
```

```
170:;
        sol6:=FALSE;
        IF t0.Q THEN
                seq:=180;
        END_IF
180:;
        sol5:=FALSE;
        IF cs6 THEN
                seq:=190;
        END_IF
190:;
        sol3:=FALSE;
        sol4:=TRUE;
        IF cs4 THEN
                sol4:=FALSE;
                count:=count+1;
                seq:=0;
        END_IF
300:;
        IF t1.Q THEN
                m1:=FALSE;
                seq:=0;
        END_IF
END_CASE
IF count=1 THEN
        lamp1:=TRUE;
        ELSE lamp1:=FALSE;
END_IF
IF count=2 THEN
        lamp2:=TRUE;
        ELSE lamp2:=FALSE;
END_IF
IF count=3 THEN
        lamp3:=TRUE;
        ELSE lamp3:=FALSE;
END_IF
```

```
t0(IN:=cs7 , PT:=T#1S , Q=> , ET=> );
t1(IN:=seq=300 , PT:=T#8S , Q=> , ET=> );
t2(IN:=s4 , PT:=T#1S , Q=> , ET=> );
```

○ 과제 8

```
PROGRAM MAIN
VAR
       tr1: R_TRIG;
       pos: INT;
       auto: BOOL;
       step1: INT;
       step2: INT;
       step3: INT;
       step4: INT;
       t0: TON;
       product: INT;

       step: ARRAY[1..6] OF INT;
       timer: BOOL;
       t1: TON;
END_VAR
----------------------------------


tr1(CLK:=step2=70 , Q=> );
IF tr1.Q THEN
       pos:=pos+1;
END_IF
CASE pos OF
0:;
       IF pos1=FALSE THEN
               m3:=TRUE;
               ELSE m3:=FALSE;
       END_IF
1:;
       IF pos2=FALSE THEN
               m2:=TRUE;
               ELSE m2:=FALSE;
       END_IF
```

```
2:;
        IF pos3=FALSE THEN
                m2:=TRUE;
                ELSE m2:=FALSE;
        END_IF
3:;
        pos:=0;
END_CASE
IF sw1 THEN
        auto:=TRUE;
END_IF
IF auto AND step[1]=0 THEN
        step[1]:=1;
END_IF
IF step[2]>0 AND step2=0 THEN
        m1:=TRUE;
        ELSE m1:=FALSE;
END_IF
IF step[2]=1 THEN
        IF s2 THEN
                step[2]:=2;
        END_IF
        IF s3 THEN
                step[2]:=3;
        END_IF
END_IF
IF step[2]=3 AND s4 THEN
        timer:=TRUE;
        step1:=0;
END_IF

IF t1.Q THEN
        step[2]:=0;
END_IF
```

```
CASE step1 OF
0:;
        IF step[1]=1 AND s1 THEN
                step1:=10;
                timer:=FALSE;
        END_IF
10:;
        sol1:=TRUE;
        IF cs1 THEN
                step1:=20;
        END_IF
20:;
        sol1:=FALSE;
        IF cs0 THEN
                step1:=30;
        END_IF
30:;
        step[2]:=1;
        step[1]:=0;
        step1:=40;

END_CASE

CASE step2 OF
0:;
        IF step[2]=2 AND s4 THEN
                step1:=0;
                step2:=10;
        END_IF
10:;
        sol5:=TRUE;
        IF cs7 THEN
                step2:=20;
        END_IF
```

```
20:;
        sol6:=TRUE;
        IF t0.Q THEN
                step2:=30;
        END_IF
30:;
        sol5:=FALSE;
        IF cs6 THEN
                step2:=40;
        END_IF
40:;
        sol3:=TRUE;
        IF cs5 AND m2=FALSE AND m3=FALSE THEN
                step2:=50;
        END_IF
50:;
        sol5:=TRUE;
        IF cs7 THEN
                step2:=60;
        END_IF
60:;
        sol6:=FALSE;
        IF t0.Q THEN
                step2:=70;
        END_IF
70:;
        sol5:=FALSE;
        IF cs6 THEN
                step2:=80;
        END_IF
80:;
        sol3:=FALSE;
        sol4:=TRUE;
        IF cs4 THEN
                step2:=90;
        END_IF
```

```
90:;
        sol4:=FALSE;
        step2:=0;
        IF  step[2]=2  THEN
                    step[2]:=0;
        END_IF
END_CASE
t0(IN:=cs7 , PT:=T#1S , Q=> , ET=> );
t1(IN:=timer , PT:=T#4S , Q=> , ET=> );
```

과제 9

```
PROGRAM MAIN
VAR
        tr1: R_TRIG;
        seq: INT;
        t0: TON;
        t1: TON;
        tr2: R_TRIG;
        pos: INT;
        auto: BOOL;
        t2: TON;
        pause: INT;
        tr3: R_TRIG;
        tr4: F_TRIG;
END_VAR
-----------------------------


tr2(CLK:=seq=180 , Q=> );
IF tr2.Q THEN
        pos:=pos+1;
END_IF

CASE pos OF
0:;
        IF pos1=FALSE THEN
                m3:=TRUE;
                ELSE m3:=FALSE;
        END_IF
1:;
        IF pos2=FALSE THEN
                m2:=TRUE;
                ELSE m2:=FALSE;
        END_IF
2:;
        IF pos3=FALSE THEN
```

```
                        m2:=TRUE;
                        ELSE m2:=FALSE;
            END_IF
3:;
        pos:=0;
END_CASE

IF sw1 THEN
        auto:=TRUE;
END_IF
IF sw2 THEN
        auto:=FALSE;
END_IF

IF s1 AND auto AND seq=0 THEN
        seq:=10;
END_IF

CASE seq OF
0:;
10:;
        sol1:=TRUE;
        IF cs1 THEN
                seq:=20;
        END_IF
20:;
        sol1:=FALSE;
        m1:=TRUE;
        IF s2 THEN
                seq:=100;
        END_IF
        IF s3 THEN
                seq:=300;
        END_IF
100:;
        sol2:=TRUE;
```

```
        IF cs3  THEN
                seq:=110;
        END_IF
110:;
        m1:=TRUE;
        IF t2.Q  THEN
                m1:=FALSE;
                seq:=120;
        END_IF
120:;
        sol5:=TRUE;
        IF cs7  THEN
                seq:=130;
        END_IF
130:;
        sol6:=TRUE;
        IF t0.Q  THEN
                seq:=140;
        END_IF
140:;
        sol5:=FALSE;
        sol2:=FALSE;
        IF cs6  THEN
                seq:=150;
        END_IF
150:;
        sol3:=TRUE;
        IF cs5 AND m2=FALSE AND m3=FALSE THEN
                seq:=160;
        END_IF
160:;
        sol5:=TRUE;
        IF cs7  THEN
                seq:=170;
        END_IF
```

```
170:;
        sol6:=FALSE;
        IF t0.Q THEN
                seq:=180;
        END_IF
180:;
        sol5:=FALSE;
        IF cs6 THEN
                seq:=190;
        END_IF
190:;
        sol3:=FALSE;
        sol4:=TRUE;
        IF cs4 THEN
                sol4:=FALSE;
                seq:=0;
        END_IF
300:;
    m1:=TRUE;
    IF t1.Q THEN
            m1:=FALSE;
            seq:=0;
    END_IF
500:;
    m1:=m2:=m3:=FALSE;
END_CASE
tr3(CLK:=emg , Q=> );
IF tr3.Q THEN
    pause:=seq;
    seq:=500;
END_IF
tr4(CLK:=emg , Q=> );
IF tr4.Q THEN
    seq:=pause;
END_IF
IF seq>0 THEN
```

```
                lamp1:=TRUE;
                ELSE lamp1:=FALSE;
        END_IF
        IF seq=0 THEN
                lamp2:=TRUE;
                ELSE lamp2:=FALSE;
        END_IF
        IF seq=500 THEN
                lamp4:=TRUE;
                ELSE lamp4:=FALSE;
        END_IF

        t0(IN:=cs7 , PT:=T#1S , Q=> , ET=> );
        t1(IN:=seq=300 , PT:=T#8S , Q=> , ET=> );
        t2(IN:=s4 , PT:=T#1S , Q=> , ET=> );
```

○ 과제 10

```
PROGRAM MAIN
VAR
        tr1: R_TRIG;
        seq: INT;
        t0: TON;
        t1: TON;
        tr2: R_TRIG;
        pos: INT;
        auto: BOOL;
        t2: TON;
        tr3: R_TRIG;
END_VAR
---------------------------


tr2(CLK:=seq=180 , Q=> );
IF tr2.Q THEN
        pos:=pos+1;
END_IF
CASE pos OF
0:;
        IF pos1=FALSE THEN
                m3:=TRUE;
                ELSE m3:=FALSE;
        END_IF
1:;
        IF pos2=FALSE THEN
                m2:=TRUE;
                ELSE m2:=FALSE;
        END_IF
2:;
        IF pos3=FALSE THEN
                m2:=TRUE;
                ELSE m2:=FALSE;
        END_IF
```

```
    3:;
          pos:=0;
END_CASE

IF  sw1  THEN
          auto:=TRUE;
END_IF
IF  sw2  THEN
          auto:=FALSE;
END_IF

IF  s1  AND  auto  AND  seq=0  THEN
          seq:=10;
END_IF

CASE  seq  OF
0:;

10:;
        sol1:=TRUE;
        IF  cs1  THEN
                  seq:=20;
        END_IF
 20:;
        sol1:=FALSE;
        m1:=TRUE;
        IF  s2  THEN
                  seq:=100;
        END_IF
        IF  s3  THEN
                  seq:=300;
        END_IF
  100:;
        sol2:=TRUE;
        IF  cs3  THEN
                  seq:=110;
```

```
            END_IF
110:;
        m1:=TRUE;
        IF t2.Q THEN
                m1:=FALSE;
                seq:=120;
        END_IF
120:;
        sol5:=TRUE;
        IF cs7 THEN
                seq:=130;
        END_IF
130:;
        sol6:=TRUE;
        IF t0.Q THEN
                seq:=140;
        END_IF
140:;
        sol5:=FALSE;
        sol2:=FALSE;
        IF cs6 THEN
                seq:=150;
        END_IF
150:;
        sol3:=TRUE;
        IF cs5 AND m2=FALSE AND m3=FALSE THEN
                seq:=160;
        END_IF
160:;
        sol5:=TRUE;
        IF cs7 THEN
                seq:=170;
        END_IF
170:;
        sol6:=FALSE;
        IF t0.Q THEN
```

```
                    seq:=180;
        END_IF
180:;
        sol5:=FALSE;
        IF cs6 THEN
                    seq:=190;
        END_IF
190:;
        sol3:=FALSE;
        sol4:=TRUE;
        IF cs4 THEN
                sol4:=FALSE;
                seq:=0;
        END_IF
300:;
        m1:=TRUE;
        IF t1.Q THEN
                m1:=FALSE;
                seq:=0;
        END_IF
500:;
        m1:=m2:=m3:=FALSE;
        auto:=FALSE;
END_CASE
tr3(CLK:=emg , Q=> );
IF tr3.Q THEN
        seq:=500;
END_IF
IF emg=FALSE AND seq=500 THEN
        sol5:=FALSE;
        IF cs6 THEN
                sol1:=sol2:=sol3:=FALSE;
                sol4:=TRUE;
                IF cs4 THEN
                        seq:=pos:=0;
                        sol4:=sol6:=FALSE;
```

```
              END_IF
        END_IF
END_IF
IF seq>0 THEN
     lamp1:=TRUE;
     ELSE lamp1:=FALSE;
END_IF
IF seq=0 THEN
     lamp2:=TRUE;
     ELSE lamp2:=FALSE;
END_IF
IF seq=500 THEN
     lamp4:=TRUE;
     ELSE lamp4:=FALSE;
END_IF
t0(IN:=cs7 , PT:=T#1S , Q=> , ET=> );
t1(IN:=seq=300 , PT:=T#8S , Q=> , ET=> );
t2(IN:=s4 , PT:=T#1S , Q=> , ET=> );
```

[참고문헌]

1. TwinCAT3 사용자 매뉴얼
2. Beckhoff 정보 시스템(infosys.beckhoff.com)
3. 생산자동화장비 제어실습(에이원테크놀로지)

[http://www.aonetechnology.kr/]

TwinCAT3를 활용한
PC 기반 제어

| 2016년 10월 20일 | 1판 1쇄 인 쇄 |
| 2016년 10월 25일 | 1판 1쇄 발 행 |

지은이 : 김　　영　　민

펴낸이 : 박　　정　　태

펴낸곳 : **광　　문　　각**

10881
파주시 파주출판문화도시 광인사길 161
광문각 B/D 4층
등　록 : 1991. 5. 31 제12-484호
전화(代) : 031) 955-8787
팩　스 : 031) 955-3730
E-mail : kwangmk7@hanmail.net
홈페이지 : www.kwangmoonkag.co.kr

• ISBN : 978-89-7093-813-4　　　　93560
　　　　　　　　　　　　　값 24,000원

한국과학기술출판협회회원
KSPA